都市政策フォーラムブックレット No. 2

景観形成とまちづくり

―「国立市」を事例として―

監　修

首都大学東京　都市教養学部　都市政策コース

公人の友社

まえがき

本ブックレットは、平成一九年度都市政策コースの演習型講義（プロジェクト型総合研究）にお招きした外部講師の皆様の講義内容をもとに企画され、外部講師の皆様にはあらためてご寄稿いただくことで、ここに、都市政策フォーラムブックレット第二号『景観形成とまちづくり―「国立市」を事例として』の発刊が実現することになりました。

都市政策フォーラムブックレットは、都市政策コースの教育・研究成果の公開のために、学内外に開かれた交流の場を目指して、当該年度の研究・教育活動の内容を踏まえて、都市政策コースのスタッフが企画し、ブックレットとして発刊するものです。昨年度第一号が発刊され、本号は第二号にあたります。今後も条件が許す限り、こうした形での都市政策コースの教育・研究活動を広く内外に発信していきたいと思っております。

さて、本号の企画に際しての意図と経緯について、簡単ではありますが、いくつかの重要と思われる点を、申し述べさせていただきます。

その第一は、本ブックレットの企画の背景に、都市政策コースが平成一九年四月に三年生の進級をもって授業が開講されたことがあります。その意味では本年度が実質的開設であるともいえ、都市政策コースにとって記念すべき年度でもあります。しかも、「演習型講義（プロジェクト型総合研究）」は、本コースの特徴的科目として位置づけられる実践的科目であり、授業運営にあたっては、ひろく外部から講師を招き、その実践的実務的活動についてご講義いただくことをその特徴としています。このことは先にふれた「都市政策フォーラムブックレット」の主旨に沿うものでもあります。

第二は、この「演習型講義（プロジェクト型総合研究）」でとりあげたテーマが、本ブックレットのタイトルともなっている「景観形成とまちづくり」であることです。ご承知のとおり、景観政策をめぐっては、平成一六年に景観法が制定され（平成一七年六月全面施行）、新たな段階に入ったと言え、様々な自治体で景観形成とまちづくりの取り組みがみられるようになってきています。とりわけ、平成一九年九月京都市がこれまでより厳しい各種の規制を定めた新景観政策を開始したこともあり、マスコミで多く取り上げられました。また、東京都にあっても、一昨年一二月に発表された「10年後の東京」の政策目標のなかに、「景観形成」があげられていることはひろく知られています。このような正に都市政策の今日的政策課題である「景観形成とまちづくり」をとりあげ、この一年間「演習型講義（プロジェクト型総合研究）」をすすめ、その成果を広く公表しようとするのが、本ブックレットの企画の意図です。

第三は、本ブックレットは、授業のなかで事例研究としてとりあげた「国立市」の景観形成とまちづくりを焦点として、成果の一端を公表したものであることです。国立市については、マンション訴訟が全国的に有名でありますし、また近年の景観保護の流れを加速させたという点でも評価されてもいます。授業では、むしろ、国立市の「景観形成とまちづくり」を、多面的に捉えることとし、「行政」、「住民」、「専門家」のそれぞれの立場から、「景観形成とまちづくり」について、ご講義いただくこととしました。「行政」にあっては国立市建設部都市計画課、「住民」にあっては景観市民全国ネット代表の石原一子氏、同事務局長の大西信也氏、「専門家」にあってはシード総合法律事務所の河東文宗氏が、それぞれのお立場からのご講義を提供してくださいました。学生たちはその実践的・実務的な取り組み・活動の講義をとおして、自分達の取りくんでいるテーマの意義を確認することができました。あらためて外部講師四名の皆様に、心より御礼申し上げます。

第四に、本ブックレットとして発刊するにあたり、ご講義の内容を踏まえてあらためてご寄稿をお願いすることにしたことです。ただし、国立市にあっては、そこで、ご提供いただいた資料をもとに、本コーススタッフの奥真美教授（行政法学・環境法学）が、国立市における景観形成に向けた取り組みの経緯と施策の概要などについて執筆いたしました。

今回のご講義およびご寄稿を通じて、ともすればマンション訴訟のみに焦点があてられがちな国立市の景観形成とまちづくりが、その基礎に大正末期から昭和初期にかけて、箱根土地株式会社と東京商科大学により、谷保村第一、第二及び第三耕地整理組合がドイツの町ゲッチンゲンにならって、開発整備されたことにより誕生した良好な環境のまちづくりの歴史があること、この居住環境の維持をめぐって、今回のマンション訴訟に至るまでに、昭和二六年の文教地区闘争、昭和四四に始まる歩道橋事件、平成五年の景観権訴訟事件などの取り組みがあったことがわかりました。社会現象の解明にあたっての歴史的視点の重要性を事実に即して学びとることができました。国立市の事例は、あらためて景観形成とまちづくりの重要性と困難さを示すモデルケースになるものと考えられます。本ブックレットを今後の「景観政策」に広く参考・活用していただければ幸いです。

最後に、本ブックレット作成にあたり、資料のご提供をいただいた国立市建設部都市計画課、ご寄稿いただいた石原一子氏、河東宗文氏には改めて深く感謝申し上げます。刊行に際して本学関係者の多くの方々にご尽力をいただきました。心より御礼申し上げます。

平成二〇年一月末

首都大学東京　都市教養学部
都市政策コース長・教授　和田　清美

【目次】

I　国立市における景観形成への取組みの経緯と概要

奥　真美（首都大学東京・都市政策コース・教授）

はじめに

「国立市の都市景観は多様で個性的である。北には、計画的につくられた街並みが、年輪を刻むにつれ風格を増しながら緑豊かに存在する。南には、多摩川に至る河岸段丘、崖線、さらには田園地帯が、古くからの集落を包みながら展開する。それらはいずれも歴史を宿し、自然と和し、文化を育んできた。先人が培ってきたこうした都市景観を貴重な財産として継承し、保全しながら、さらにより魅力的なものへと発展させることは、現代に生きる人々の喜びであり、使命でもある。」

これは、国立市都市景観形成条例の前文からの一部抜粋である。ここには、国立市において長い年月をかけて培われてきた都市景観の特徴や、人々の営みと都市景観との関わりの深さと重要性に対する認識が端的に表されている。

国立市は、一九二五（大正一四）年ごろの箱根土地株式会社による開発以来、国立駅から南に伸びる大学通りを中心として、文教施設と住宅地からなる閑静な地域整備が目指されてきたと同時に、住民を中心とするさまざまな環境保護運動が展開されてきたことで知られている。さらに、大学通りにおける高層マンション建設をめぐり提起された一連の国立マンション訴訟が、良好な景観形成に熱心なまちとして、国立市を全国的にいっそう有名にするきっかけとなった。

こうした高層マンション建設による景観阻害に代表される、いわゆる景観紛争事例は全国各地にみられ、何も国立市特有の問題ではない。しかし、国立マンション事件の民事訴訟において、住民の景観利益の存在を認める最高裁判決を導き出し得た背景には、社会の景観に対する認識や価値観の変化という時代の流れもさることながら、国立市住民等の高い意識と団結力、さらには持続力の存在という、国立市特有の状況があったからであるとも考えられる。

本稿では、国立市における都市景観形成への取組みの経緯と概要をまとめることで、都市における良好な景観形成とまちづくりのあり方を検討していくうえでの貴重な視座を得るきっかけとしたい。

1 国立市の成り立ち

国立市史[1]によると、江戸時代に甲州街道北方の段丘周辺から人々が住み着くようになり、谷保村が形成されていったとされる。谷保村は当時の韮山県に属していたが、一八六八（明治元）年に神奈川県に移管され、一八七八（明治一一）年には北多摩郡に編入された。一八八九（明治二二）年には、谷保村、青柳村、石田村飛地が合併して谷保村となった。大正末期には、箱根土地株式会社が、谷保村北部一帯の山林地域を対象として、文教田園都市構想に基づき学園都市開発計画を進めていった。一九二六（大正一五）年には国立駅が開設され、一九二九（昭和四）年には南武鉄道が開通した。また、一九二六（大正一五）年には国立音楽大学が、一九二七（昭和二）年には元東京商科大学（現在の一橋大学）が誘致された。第二次世界大戦後には人口が急増し、一九五一（昭和二六）年四月一日には、谷保村は人口一万四八八二人を有する国立町に改められた。その翌年、国立は東京都の文教地区建築条例に基づき「文教地区」の指定を受けた。一九六三（昭和三八）年からは南武線以北の九三万平方メートルの農地区画整理事業によるニュータウン建設が始まり、一九六五（昭和四〇）年には富士見台地域の公団住宅団地と七つの都市公園が完成したことにより、人口が飛躍的に増加した。そして、一九六七（昭和四二）年一月一日、人口五万五四二三人を擁する国立市が誕生した。

二〇〇七（平成一九）年一二月一日現在、国立市は人口七万四一〇七人、市域八一五ha（市街化

区域七九二ha、市街化調整区域一三一ha）からなる。

2　国立市の景観の特徴[2]（資料1）

国立市の地形は三箇所の段丘崖と多摩川に挟まれた三箇所の平地で構成されている。多摩川沖積地から青柳段丘にかけての南部地域は、古代史を伝える遺跡が多くみられると同時に、崖線の樹林と湧水、多摩川、矢川などの自然資源や、谷保天満宮、南養寺、城山などの歴史的資源が豊富な、国立の景観の源として位置づけられる貴重な地域とされる。一方、北にはＪＲ中央線の国立駅があり、同駅南口前にあるロータリーからは三方に旭通り（東方向）、大学通り（南方向）、富士見通り（西方向）が延びている。なかでも大学通りは、約四四メートルの幅員をもち、国立のシンボルとなっている。大学通りの両側には、ゆったりとした歩道と、一七一本の桜と一一七本のイチョウが市民の手で植樹された幅九メートルの緑地帯がある。前述の谷保天満宮と大学大通りはともに「新東京百景」に選ばれている。

国立駅のある北地域とそれに隣接する西地域、中地域、東地域は、大学通りを中心とする学園都市計画地区として、大正末期から昭和初期にかけて箱根土地株式会社と元東京商科大学（現在の一橋大学）によって、ドイツの学園都市ゲッチンゲンにならって計画的に開発整備されてできため、整然とした落ち着いた街並みを形成している。当時の谷保村北部にあたるこの地域は、「国立大学町」として一九二五（大正一四）年秋ごろから分譲が開始された。このときの宣伝ビラには、買い手側に対して売り手側が景観等への配慮についてさまざまな注文をつけており、箱根土地株式会社がこの地に高級住宅地としての高い思想を掲げていたことが伺える。たとえば、宣伝ビラには、「郊外生活の理想郷」は「外観にも内容にも美しく整備した街でならぬのは勿論のこと」、「大学町の建築は商店たると住宅たるとを問わず総て最初より本建築に」し、「トタン屋根の建物やナマコ（波板）張りの粗雑なバラック建、その他街の美観を損ずるが如き建物は一切建築せぬ事を条件」とする旨などが記載されていた。さらに、商店については、「大学町は学校を中心とした平和にして静かな郊外の理想郷」であるから、工場や風儀をみだすような営業は絶対に断らねばならないとあった。国立の後の文教地区指定や高級住宅地としてのイメージの素地は、既にこのころから形づくられていたことがわかる。

3　景観に対する市民の意識と運動

上述のように国立は美観や風儀に対する高い理想のもとに計画的に整備されたまちである。このため国立の地に移り住みもしくはそこを拠点として活動する人々の多くが、おのずと景観やまちづくりに対する高い意識と関心をもつ傾向が強いであろうことは想像に難くない。

たとえば、一九九五（平成七）年に国立市が行った「景観に関する市民の意識・意向調査」では、景観形成に対する市民の関心の高さが伺える結果となっている[3]。アンケート用紙を郵送する方式で一五〇〇通を発送し、九八二通（六五・五％）が回収された。このうち、七六％の人が美しい景観づくりに「積極的に取り組む必要がある／取り組む必要がある」と回答し、また、八六・四％の人がそれに「積極的に協力・参加することが必要／できれば協力・参加することが望ましい」と答えている。さらに、八六・一％の人が美しい景観づくりに向けた何らかのルールづくりが必要であるとしている。国立市の印象については、八六・六％が「美しいまちだと思う、わりと思う」、八七・五％が「緑豊かなまちだと思う、わりと思う」と回答している。このほか、「整然とした道路と並木」、「学園の多い都市」、「落ち着いた住宅地」という国立市のイメージを大切にしたいと考える人が七割前後を占めている。

こうした高い市民意識を背景として、国立市ではこれまで幾度かにわたり、国立市の景観形成のあり方を左右する市民等による運動や事件が起こっている[4]。まず、一九五一（昭和二六）年に起きた浄化運動と、それに端を発した文教地区指定運動がある。米軍基地がある立川市に隣接していたことから、国立駅周辺に米兵相手の簡易旅館や飲食店が出現したため、風紀の乱れを問題視した市民らが浄化運動期成同志会を結成して、運動を本格化させた。この運動が、東京都文教地区建築条例に基づく文教地区指定を求める運動へとつながっていき、これが一九五二（昭和二七）年一月六日付の旧建設省告示による文教地区の指定として結実することとなった。

次に、一九六九年から一九七四年にかけて起こったいわゆる大学通り歩道橋問題がある。これは、子どもたちを交通事故から守るために大学通りの国立高校前に歩道橋の設置を求める請願が、小中高校のPTA代表から出され、定例市議会においてこれが採択されたことが発端となったものである。逆に、「文教地区の象徴である大学通りに歩道橋をかけることは、美観上かんばしくない」といった理由で歩道橋設置に反対する住民たちが現れ、こうした反対派による運動は大きくなっていった。最終的に歩道橋は完成に至るが、一方で都知事に対して建設中止・計画取消を求める行政訴訟が提起された。当該訴訟においては、原告敗訴に終わったものの、「大学通り歩道橋は健康で文化的な生活を保障する憲法第二五条違反」である旨もあわせて主張されたため、環境権訴訟としても全国的な注目を集め、「クルマ優先社会」を志向する行政の姿勢に一石を投じたとされる。

また、一九九三年には、大学通りの商業地域において一二階建のビル建設計画が明らかとなったことを契機として、大学通りにイチョウ並木よりも高い建築物ができることによる眺望の変化を懸念する市民らが、一九九四年には地方自治法第七四条に基づき国立市都市景観形成条例の制定に係る直接請求を行ったことがある。加えて、市民らは、一九九六年と一九九八年の二度にわたり、国立市と東京都を相手取って訴訟を提起した。本件において、市民らは大学通りにおける景観権とともに、用途地域変更時における規制緩和が当該建築計画を許す要因であることなどを主張したが、最終的には和解に至っている。都市景観形成条例の制定については、一九九四年の定例市議会において一旦は否決されたが、翌年に発足した都市景観形成審議会からの答申等を経て、一九九八年に制定されるに至った。

そして、国立マンション訴訟として全国的に有名になった、高さ約四四メートルの大規模高層マンション建設をめぐる事件がある[5]。一九九九年に東京海上火災株式会社の跡地に明和地所株式会社が計画したマンション建設に反対する住民らは、五万人を超える署名とともに計画見直しの陳情を市議会に提出し、市議会はこれを採択した。これを受けて、市は都市景観形成条例に基づいて、周辺の建築物や二〇メートルの高さで並ぶイチョウ並木と調和することなどを求める行政指導を開始したが不調に終わり、明和地所によるマンション建設が進められたため、住民らが提訴に及んだものである。この事件の詳細については、後掲の河東論文および石原論文を参照されたいが、本件をきっかけとして、一九九九年一二月には建築基準法に基づく「国立市地区計画の区域内における建築物の制限に関する条例」の可決、二〇〇〇年一月二四日には本件土地を含む中三丁目地区に二〇メートルの高さ制限を課す地区計画の告示、同二月一日には同条例の改正による高さ制限の施行などが実現している。

このほかにも一種住専運動（一九七三年）や、大規模マンション建設反対運動であるガーデン国立事件（一九七三年）などが知られている。この一種住専運動の結果、一橋大学以南の道路と沿道奥行き二〇メートルが第一種住居専用地域として指定されることにつながった。

このように大学通りを中心とする国立の学園都市としての良好な景観は、市民らの熱意と努力によって維持されているところが大きいといえる。

4　景観形成／まちづくり施策の枠組

（1）都市景観形成計画と基本方針

国立市では、一九九五年に国立市都市景観形成審議会を発足させ、一九九六年一一月には、同審議会からの答申を受けて、都市景観形成基本計画を策定した。同基本計画は、国立らしい都市景観を守り、育て、創るための基本的な方向を明らかにすることを目的として、国立の景観の特性（国立らしさ）と国立の景観が掲げる問題点を把握し、都市景観形成の目標と方針を定めるとともに、実現に向けた方策を明らかにするものとして策定されたものである。さらに、一九九八年二月には、同基本計画のもとに「都市景観形成上重要な地域における基本方針」が定められた。同基本方針では、都市景観形成上重要な地域（重点地区の候補地）として大学通り地域と青柳崖線地域を位置づけ、これらの地域それぞれの景観特性を踏まえたうえで、景観形成の基本方針が定められている。

（2）都市景観形成条例[6]（資料2）

一九九八年三月には、「文教都市くにたち」の都市景観の形成に関する基本的事項を定める都市景観形成条例と同施行規則が制定された。都市景観形成条例は、前文および全五三か条からなり、①条例の目的、市長・市民等・事業者の責務などを定める総則、②都市景観の形成、③市民の景観形成活動、④顕彰および助成、⑤都市景観審議会、⑥罰則に関する部分に、大きくは分かれる（資料2の条例体系図を参照）。このうち、②については、都市景観形成基本計画の策定、都市景観形成重点地区の指定、重要景観資源の指定、大規模行為の届出と景観形成基準の遵守、自転車の放置やごみの集積といった一時的行為における景観配慮が、主要な柱となっている。③としては、景観形成市民団体の認定等、ならびに、一定の地区内に存する土地、建築物、広告物等の所有者等による都市景観の形成に関する協定の締結と当該協定の市長による景観協定としての認定が定められている。さらに、⑥としては、重点地区における届出義務、重要景観資源の現状変更や権利移転に関する届出義務、重点地区の区域外における大規模行為に関する届出義務を怠った場合もしくは虚偽の届出をした場合について、一〇万円以下の罰金刑が定められている。

同条例に基づく重点地区としては、大学通り学園・住宅地区（二〇〇三年五月一日施行）と大学通り公共空間地区（二〇〇五年二月一日施行）の二つが指定されており、それぞれについて景観形成のための方針と景観形成基準（景観形成のルール）が明らかにされている[7]。たとえば、前者では、豊かな歩行空間確保のための建築物などの後退距離、並木と調和した街並みのための色彩や建築物などの素材、並木の緑を生かすための塀やフェンスなど、気持ちよく歩けるようにするための店舗や事務所などの自転車置き場、大学通りの美しさを保つための空調室外機や露出配管、大学通りの美しさを損なわないための自動販売機に関するルールが定められている。また、後者では、緑地帯、ストリートファニチャー、広告物、建築物と工作物、夜景と音、交通に関する具体的なルールが定められているのに加え、美と質を高める自然・人・物の「調和」の捉え方や、市民・事業者・行政が継続的に議論を行うことができるしくみとしての「景観マネージメント」の機能に関する規定が置かれている。「景観マネージメント」が担うべき機能としては、①建築物、工作物等の設置について、計画施設が既存の景観と「調和」するかどうかを評価し、より良好な景観形成に向けた助言を行うこと、②良好な景観の維持について、樹木など良好な景観形成の要素となっている物を維持するうえで必要となる助言を行うこと、③景観形成に関して今後新たに生じる問題に対して解決策案を検討し、市民・事業者・行政に助言と提言を行うことが挙げられている。こうした重点地区におけるルール等の提示は具体的でわかりやすく有意義であると思われる。

(3) 新たなまちづくり条例の制定に向けて

さらに、国立市では、二〇〇三年以来、まちづくりに関する新たな条例制定に向けた作業が進められてきている[8]。二〇〇三年五月から国立市まちづくり条例検討委員会および市民で組織するワーキンググループが検討を開始し、その一年後には「国立の美しい景観と住環境を守り育てるまちづくり条例案」に関する答申を行った。同条例案は、二〇〇六年一二月の定例市議会に上程されたものの否決された。

同条例案は、市民・事業者・行政が協働して「都市計画マスタープラン」に基づき、誰もが安心して住み続けることのできる総合的かつ計画的なまちづくりを推進するための枠組条例、誘導条例、規制条例、紛争調整条例といった性質を併せもつものとして構想されている。条例案は次の三つの柱からなっている。第一に、景観形成計画の策定や重要景観資源の登録などによる景観形成の推進である。第二に、市民主体による地区まちづくり計画の策定や課題対応型まちづくり提案に対する市の支援、市民による自由な提案制度の創設、地区計画の活用などを通じた、市民によるまちづくりの推進である。第三に、開発事業に関する手続き等を定めることによる紛争回避と調和のとれた計画的土地利用への誘導である。この第三の詳細としては、現行の開発行為等指導要綱の内容を条例化するとともに、都市景観形成条例の内容を加えて、一定規模以上の開発事業に対して必要な手続きを定め、所定の手続きを怠った場合には命令や罰則をもって対処できるようにすることと、近隣住民、事業者、市が開発事業に係る調整部会の開催を要請することができ、同部会は必要な助言、勧告を行い得るとともに、各主体は同部会の勧告を尊重しなければならないことなどが規定されている。同条例成立の見通しはいまのところ立っていないようであるが、これが成立すれば、国立ならではの画期的なまちづくり条例となるであろう。

おわりに

文教地区指定、地区計画決定、都市景観形成条例の制定等に至る経緯からも明らかなように、国立市における良好な景観形成とまちづくりの大きな推進力となってきたのは市民の高い意識と行動力であったといえる。この背景には国立特有の成り立ちが多分に影響しているものと思われるが、そうしたユニークな事情を除けば、都市において景観形成に係る枠組や施策等を整えていくにあたり、国立市の都市景観形成基本計画に基づく景観形成基準や都市景観形成条例、さらには新たなまちづくり条例案の内容は、とりわけ示唆に富むものといえよう。なぜならば、これらは、景観法（二〇〇四年六月公布、二〇〇五年六月全面施行）ならびに同法に基づき東京都が策定している景観計画（二〇〇七年四月）の存在如何に関わらず、国立がこれまでも標榜しまた今後も追及し続けようとしている、国立らしい文教都市としての良好な景観形成を可能にし得る重要な拠り所となると考えられるからである。

国立市では、今後、景観法に基づく景観行政団体としての指定を目指すと同時に、現行の都市景観形成条例を景観法の規定も踏まえたものへと見直していく予定であるという。景観法のメニューは大いに活用するとしても、国立市が市民とともにこれまで培ってきた独自のルールや施策をよりいっそう生かした景観形成への取組みが、さらに展開されていくことを期待したい。

1 国立市史編さん委員会編集『国立市史・上巻』（一九八八年）七～十一頁。
2 前掲『国立市史・上巻』十八～二三頁、国立市『国立市都市景観形成基本計画』（一九九六年）四頁、国立市史編さん委員会編集『国立市史・下巻』（二〇〇〇年）九九～一〇三頁。
3 前掲『国立市都市景観形成基本計画』六～七頁。
4 前掲注2『国立市史・下巻』二二六～二六五頁、同五五九～五六八頁。
5 本件については多数の論考があるが、たとえば、地裁判決については、吉田克己「『景観利益』の法的保護」判例タイムズ一一二〇号（二〇〇三年八月一日）、控訴審判決については、松尾弘「景観利益の侵害を理由とするマンションの一部撤去請求等を認めた原判決を取り消した事例（国立景観訴訟控訴審判決）」判例タイムズ一一八〇号（二〇〇五年八月一日）一一九～一二五頁、最高裁判決については、大塚直「国立景観訴訟最高裁判決の意義と課題」ジュリスト一三二三号（二〇〇六年一一月一五日）七〇～八一頁、吉村良一「民事判例研究・国立景観訴訟最高裁判決」法律時報七九巻一号、一四一～一四五頁などがある。

6　国立市『国立市都市景観形成条例の手引き』（二〇〇五年四月）。

7　国立市『大学通り学園・住宅地区景観形成のための方針と基準』（二〇〇三年四月一日告示同年五月一日施行）、同市『大学通り公共空間地区景観形成のための方針と基準』（二〇〇四年一二月一五日告示、二〇〇五年二月一日施行）。

8　新条例制定に向けた検討の経緯ならびに条例案については、以下を参照されたい。
https://www.city.kunitachi.tokyo.jp/kensetsu/05kensetsu/0501/050107/050107_03_macmachijyou01.html
（二〇〇八年二月一二日現在）。

9　国立市都市計画課へのヒアリングに基づく。

〔資料1〕 国立の景観の主な構成要素

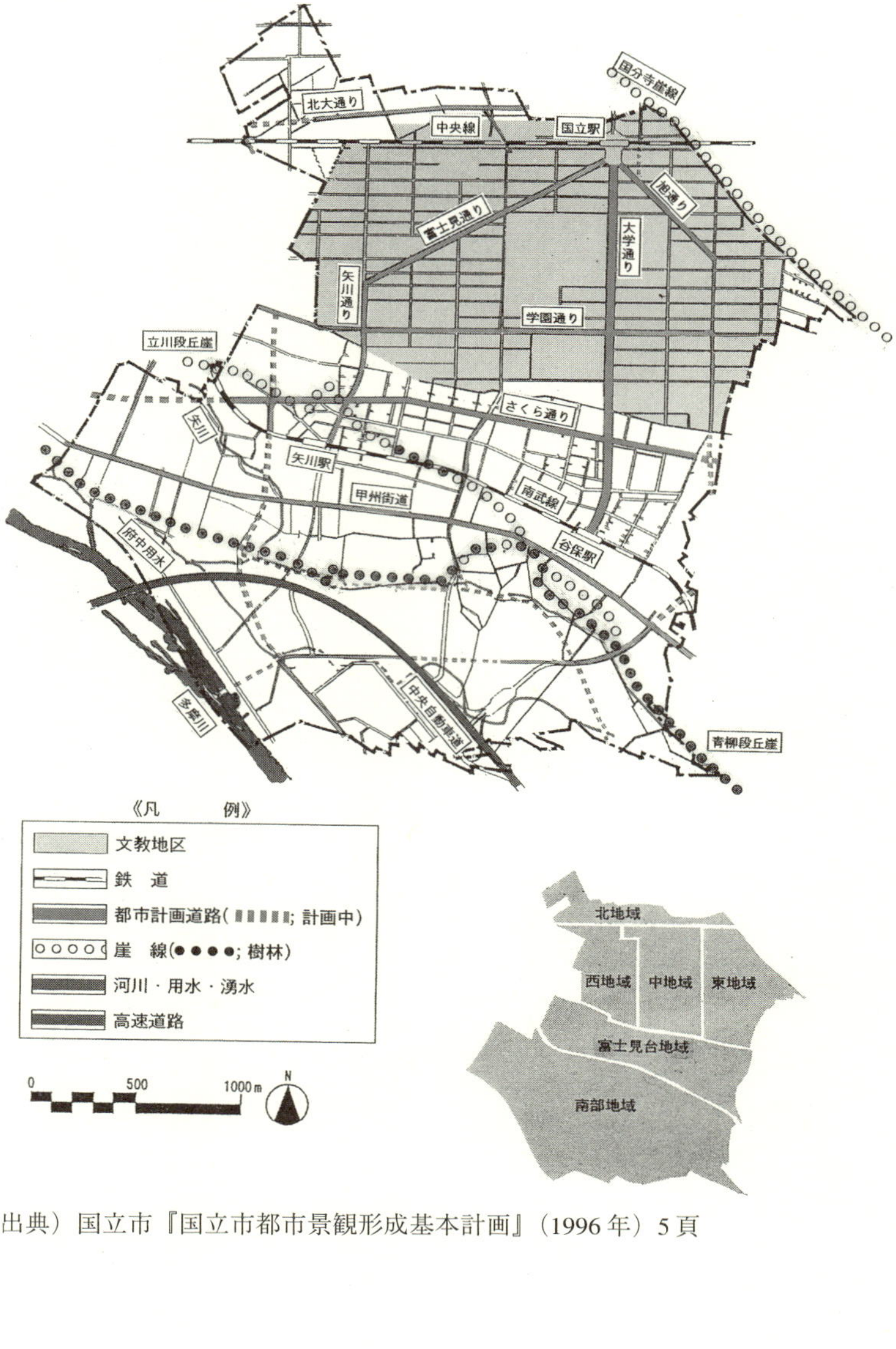

出典）国立市『国立市都市景観形成基本計画』（1996年）5頁

〔資料２〕　国立市都市景観形成条例の体系

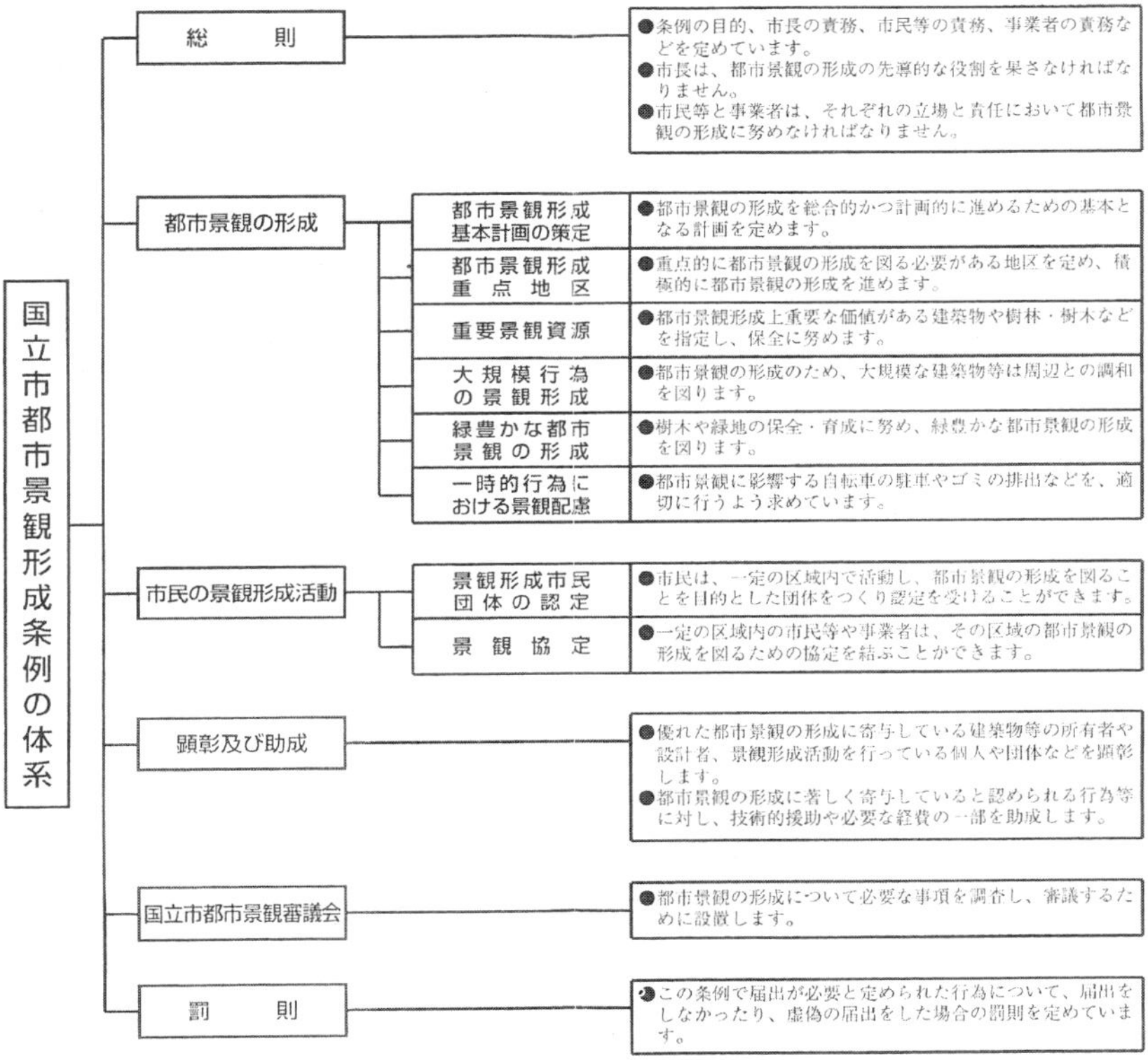
国立市都市景観形成条例の体系
総　　則
●条例の目的、市長の責務、市民等の責務、事業者の責務などを定めています。
●市長は、都市景観の形成の先導的な役割を果さなければなりません。
●市民等と事業者は、それぞれの立場と責任において都市景観の形成に努めなければなりません。
都市景観の形成
都市景観形成基本計画の策定
●都市景観の形成を総合的かつ計画的に進めるための基本となる計画を定めます。
都市景観形成重点地区
●重点的に都市景観の形成を図る必要がある地区を定め、積極的に都市景観の形成を進めます。
重要景観資源
●都市景観形成上重要な価値がある建築物や樹林・樹木などを指定し、保全に努めます。
大規模行為の景観形成
●都市景観の形成のため、大規模な建築物等は周辺との調和を図ります。
緑豊かな都市景観の形成
●樹木や緑地の保全・育成に努め、緑豊かな都市景観の形成を図ります。
一時的行為における景観配慮
●都市景観に影響する自転車の駐車やゴミの排出などを、適切に行うよう求めています。
市民の景観形成活動
景観形成市民団体の認定
●市民は、一定の区域内で活動し、都市景観の形成を図ることを目的とした団体をつくり認定を受けることができます。
景観協定
●一定の区域内の市民等や事業者は、その区域の都市景観の形成を図るための協定を結ぶことができます。
顕彰及び助成
●優れた都市景観の形成に寄与している建築物等の所有者や設計者、景観形成活動を行っている個人や団体などを顕彰します。
●都市景観の形成に著しく寄与していると認められる行為等に対し、技術的援助や必要な経費の一部を助成します。
国立市都市景観審議会
●都市景観の形成について必要な事項を調査し、審議するために設置します。
罰　　則
●この条例で届出が必要と定められた行為について、届出をしなかったり、虚偽の届出をした場合の罰則を定めています。

出典）国立市『国立市都市景観形成条例のあらまし』（1998年）

Ⅱ　景観は誰のものか

―専門協力者の視点から―

河東　宗文（弁護士）

はじめに

平成一八年三月三〇日、国立マンション訴訟・民事訴訟最高裁判決が、言い渡された。国立マンション訴訟は、幾多の興味ある法律的な争点を含み、また東京地裁判決が、「出来上がったマンションを一部撤去せよ」というこれまでにない衝撃的な結論だったために、新聞・テレビ等のマスコミを賑わせた裁判である。国立マンション訴訟については、後悔するところもあるが、やるだけのことはやったという思いがある。少なくとも、私にとって、この訴訟ほど、膨大な時間と労力を費やした事件は他にない。以下では、弁護士である私が専門協力者としてかかわった経験に基づいて、景観についての考えを述べることとしたい。

1　国立マンション問題に関わるきっかけ

私が、国立マンション問題について関わったのが、平成一一年八月頃であったから、随分と長い日々を要したものである。といっても、いまだ裁判は全て終了した訳ではない。最初の建築禁止仮処分を東京地裁八王子支部に申立てたのが、平成一二年一月二四日であるが、未だ最高裁に係属中の裁判もある。きっかけは、私の子ども達が、問題のマンションの隣地にある桐朋学園小学校に通っていたということにある。小学校の児童であった長男・次男は、高校生となり、幼稚園児であった長女は、中学生となっている。私自身は、その年月の間、ひたすら走り抜け、時には歩いたり、休んだりもし、あっという間であったが、子ども達の成長をみると、年月の長さを感じる。

さて桐朋学園男子部の南側の一方通行の狭い道路を挟んだ隣地に、一四階建て・高さ四四m、三四三戸の巨大マンションが建設されることとなった。この高層マンションが建築されると、桐朋学園としては、グランドに日陰が生ずることや、青空が奪われて児童・生徒達に圧迫感を与えることなどの教育環境の悪化が予想される他、国立市にとってかけがえのない大学通りの景観が破壊され、通学条件が悪化することなどから、無関心ではいられなかった。

桐朋学園山下明校長（当時）の書かれた陳述書には、次の様にある。

「…学校環境は、子どもたちの成長環境だという点であります。幼い子や伸び盛りの子どもたちの身体的、心理的特性に規準を置いて、健全な育成を図る日常的な生活の場として、一般的な環境規準と違った厳しい環境保護がなされなければなりません。」「…このような大規模・高層マンションが現実に建築されれば、冬季の午前中、小、中高グランドとも南半分は日陰になり、霜や雪が解けずにぬかるんで使いものにならなくなります。これにより体育の授業、休み時間のグランド利用にも支障が生じるのみならず、あとでお話致します威圧感などとともに、児童・生徒ののびのびとして人格形成にも好ましからざる影響が生じます。」「今まで青空が広がっていたところに高層ビルの壁が立ちふさがることになり、特に直接南に面する小学校においては、児童はいつも圧迫感を受け、高いところから見られている感覚の中で学園生活を送ることになります。このような圧迫感や常に高いところから見られている感覚が児童や生徒に与える心理的影響は好ましくないことは言うまでもありません。太陽と緑に恵まれて、いつも自然を感じつつ生活をしている子供たちの大切な教育環境が大きく侵害されるのです。」等々である。

他にも先生方の書かれた切実な陳述書がある。

桐朋学園としては、この高層マンション対策として、桐朋学園OBや保護者の中から、広く専門家を集め、「専門協力者会議」を設置することとした。私は、東京弁護士会に所属し、さらに会内では公害・環境特別委員会に所属しているが、公害・環境特別委員会では、環境問題について、毎年一回、シンポジウムを開催している。平成一一年六月一〇日には、「都市計画を考える」というシンポジウムを開催し、景観問題を取り上げた。東京大学西村幸夫先生が、「都市景観保全の必要性」の基調講演をされ、現場からの報告として、安藤聡彦氏、水沼善介氏が、「国立大学通り」を報告された。このシンポジウムの実行委員長が私であった。景観というものが、また市民権を有していなかった頃のことで、当時のレジュメをみると、「都市住民の景観意識の低さ」などが要点としてある。このシンポジウムの経験から何かお役に立てるかと思い、専門協力者会議に参加することとなった。この専門協力者会議には、弁護士数名の他、一級建築士、まちづくりプランナー、大手不動産業者に勤務する者らが集うこととなった。この専門協力者会議が、その後の裁判でイニシアティブをとっていくこととなる。環境問題においては、様々な専門家の協力が必要である。通常は、それらの専門家は、環境保全という使命はあっても、部外者である。専門協力者会議のメンバーは、母校や我が子の教育環境の危機の問題として捉え、他人事ではなかった。このことも、意味のあることであったと思う。また環境問題を取り扱う場合、弁護士だけでは、如何ともし難い。現実の建築計画の問題点や日照図、形態率等、弁護士だけでは、正確なことはわからない。最低でも、一級建築士の協力は必要不可欠である。桐朋学園としては、「専門協力者会議」の他に「マンション問題対策委員会」「子ども達の教育環境を守る会」を発足させ、学校として、教育環境の保全、大学通りの景観保護の体制を整える。他方、国立市内では、この高層マンションから大学通りの景観を守るため、各種の会が発足し、またこれまで大学通りの環境に力を尽してきた会なども あり、それら一八団体を束ねる会として、「東京海上跡地から大学通りの環境を考える会」（石原一子代表）ができることとなった。

2　裁判の現状

さて民事訴訟最高裁判決により、国立市住民と、明和地所株式会社との間の民事訴訟は終了した。この最高裁判決の意義は、「景観利益」が法的に認められたことに尽きる。国立市民と東京都建築主事ら行政との行政訴訟はすでに終了しているので、残るのは、国立市・国立市長と明和地所㈱との間の訴訟（この裁判を、明和地所㈱からの請求が四億円であったので「四億円裁判」と呼んでいる。）のみであり、現在、最高裁に係属中である。この最高裁に係属中の訴訟は、当事者である国立市・国立市長、明和地所㈱は上告せず、補助参加人たる国立市住民が上告したものである[1]。なお番外編たる国立市議会議員間の訴訟（自民党の議員らが、議会において、建築物制限条例に賛成をした議員らに対し、損害賠償請求を求めたもの。）については、一審で終了している。当然、請求棄却で、要するに議会に出席しなかったのが悪いということである。

3　国立マンション訴訟とは

国立マンション訴訟とは何か、簡単にみておこう。

東京都国立市には、大学通りという高さ二〇メートルで揃った銀杏並木と桜並木の美しい広幅員の大通りがある。この大通り、しかも国立市・国立市民にとっては聖域といってもいい場所に、明和地所㈱が高さ四四ｍの高層マンションを建築しようとしたため、国立市住民らを中心として、反対運動がおこり、明和地所㈱と国立市住民等とがまさに「激突」することとなった。国立市民らは、種々の反対活動を展開する一方、裁判を提起することとなった。すなわち大学通り周辺の景観について景観権ないし景観利益を有しているところ、高層マンションの建築により受忍限度を超える被害を受け、景観権ないし景観利益を違法に侵害されたとして、この侵害による不法行為に基づき、

①明和地所㈱及びマンションの区分所有者に対し、本件建物のうち高さ二〇メートルを超える部分の撤去を、②また景観を破壊されたことによる慰謝料及び弁護士費用相当額の支払を求める訴訟を提起したのである。

裁判における主たる争点は、三つに大別できる。

①本件マンションが、地区計画及び建築物制限条例に違反する違反建築物であるかどうか。

②景観の内容や権利性について。

③日照権、圧迫感のない生活、プライバシーの侵害、教育環境の破壊等その他である。

国立マンション問題では、景観の権利性が問題となったことの他、高層マンションから景観を守るための対抗策として「地区計画」をとったことが目新しいところであったと思われる。弁護士だけであったら、地区計画という発想は出て来なかったと思う。国立マンション訴訟以後は、「地区計画」も一般的となってきた。

4　事案の概要について

(1)　事実の認定について

国立の景観が、どういうものなのか、少しだけみてみたい。事案の検討については、現在の事実状況の他、行政の対応、歴史的経緯、建築物の状況等様々な観点からの検討が必要であるが、歴史的経緯等については、本稿では紙面の関係もあり、立ち入れない。ただ国立市において、「まちづくりの歴史」があったことは重要である。仮処分の東京高裁江見決定には、「当該地域においては、これまで景観等の地域住環境の保全のために住民が熱意をもって活動してきた実績があるのは公知の事実に属」すると判示されている。

さて最高裁判決の事実認定をみてみると、まず「原審が適法に確定した事実関係の概要は、次のとおりである。」とある。これは、日本の裁判制度は、三審制をとっているが、事実の認定は、第一審の地方裁判所と第二審の高等裁判所がなすこととなっていることに基づくものである。最高裁は上告審であり、上告審は現行法上、法律審となっている。上告審は、原判決が、違法であるかどうかを審査するのに、事実関係を認定することはなく、原判決が適法に認定した事実に拘束されることとなっている（民事訴訟法三二一条一項）。当事者は、新たな事実の主張や、証拠の申出をして事実認定のやり直しを求めることは許されない。法律の解釈・適用が争点となったとしても、その前提として、事実がどうであったのかが、問題である。したがって、第二審の高等裁判所が、誤った事実認定や杜撰な事実認定をしても、手続の経過等に違法性がなければ、最高裁では、その不正確・杜撰な事実を前提としなければならない。一般論として、第二審の高裁判決が重要であるといわれる理由の一つがここにある。国立マンション民事訴訟における東京高裁の事実認定が、あまりにも業者寄りの視点からの偏ったものであり、杜撰な事実認定であったことが、問題点の一つである。国立市住民、及び弁護団としては、憤懣やるかたのないところであり、今でも納得し難いところである。東京高裁の事実認定によれば、要するに、悪いのは住民であって、業者のとった行動は、企業として当然のことであったということなのである。この不当な事実認定の下では、最高裁で住民側が敗訴したのもやむを得なかったといえる。第二審の高裁判決が、重要であるもう一つの理由は、上告理由・上告受理理由として規定されている各事由が、非常に限定されているということである。単に、高裁判決に不満があるからといって、最高裁の判断を仰ぐことはできないのである。それらの限定された上告・上告受理理由に基づいて、最高裁の入口をくぐることだけでも、極めて極めて細い道なのである。

(2)　大学通り周辺の現在の状況

さて民事訴訟最高裁判決のなした「大学通り周辺の現在の状況」は次の通りとなっている。

ア　ＪＲ国立駅の南口はロータリーになっており、このロータリーから南に向けて幅員の広い公道（都道一四六号線）が直線状に延びていて、そのうち江戸街道までの延長約一・二km

の道路は、「大学通り」と称され[2]、そのほぼ中央付近の両側に一橋大学の敷地が接している。大学通りは、歩道を含めると幅員が約四四ｍあり、道路の中心から左右両端に向かってそれぞれ約七・三ｍの自転車レーン、約九ｍの緑地及び約三・六ｍの歩道が配置され、緑地部分には一七一本の桜、一一七本の銀杏等が植樹され、これらの木々が連なる並木道になっている。

イ　大学通り沿いの地域のうち、一橋大学より南に位置する地域は、桐朋学園及び東京都立国立高校の各敷地並びに本件建物の敷地を除いて、大部分が都市計画上の用途地域区分において第一種低層住居専用地域に指定され、建築物につき、高さ一〇ｍまでとする制限があり、低層住宅群を構成している。そのため、一橋大学より南の大学通り沿いの地域では、本件建物を除き、街路樹と周囲の建物とが高さにおいて連続性を有し、調和がとれた景観を呈している。

ウ　本件土地は、国立駅から約一一六〇ｍの距離にあって、大学通りの南端に位置し、江戸街道を隔てた南側約六六〇ｍの地点にはＪＲ南部線谷保駅があり、谷保駅から続く商店街が近くに位置している。本件土地の大学通りを挟んだ東側には五階建ての国立高校の校舎がある。

エ　大学通り周辺の現在の状況としては、上の様な事実認定となっている。この記述からは、大学通りの美しさは伝わってこない。判決書は、文学作品ではないのだから、叙情的である必要はなく、その場所を訪れてみたいと思わせる必要はない。また最高裁は、先にも述べた様に、法律審でしかない。しかし事案の中には、「現場」に行ってみなければわからない事案もある。現実の大学通りを歩いてみるに勝るものはないが、最高裁の裁判官は、大学通りの美しさを認識しているのであろうか。写真やビデオでは、問題となっている景観の美しさを完全に伝えることはできない。検証手続や準備手続を現地で行なうことは考えられるが、最高裁がそれらの手続をとることはできない。判決にとって、判断に必要な事項は、最低限、必要不可欠な程度には、正確に記載されている必要がある。その点、国立マンション訴訟の事実認定は正確さを欠く。多く述べることはできないが、一部だけ述べたい。

前記イでは、「…本件建物の敷地を除いて、大部分が都市計画上の用途地域区分において第一種低層住居専用地域に指定され」とあるが、この部分には誤りがあるし、もっと丁寧な事実認定をしてもらいたい。本件建物の敷地の大学通りの沿道、また道路反対側沿道とも、第一種低層住居専用地域である。本件敷地についても、本件土地の大学通り沿道部分は、僅か一八cmであるが、第一種低層住居専用地域に指定されており、「本件建物の敷地を除いて」ではない。国立市の都市計画図をみれば、容易にわかることである。素人目に考えてもわかるが、道路沿いは、高い建物が建ち、道路から中に入る程、低い建物となる。ところが、大学通り沿道は、両側とも、第一種低層住居専用地域となっているのである。大方潤一郎東京大学教授の意見書では次のようにある。

「……国立市の大学通りの沿道には、昭和四八年の用途地域指定の際、住民運動の結果をふまえ、第一種住居専用地域（これを引き継ぎ、今日では第一種低層住居専用地域）が指定されている。通常、大学通りのような広幅員の街路沿道について第一種住居専用地域を指定することは都市計画行政上極めて稀である。こうした特殊な用途地域指定を行った背景には、大学通りの街並み（すなわち土地利用と景観）を高さ一〇m以下の低層（および併用住宅）によって構成しようとする市の意図があったことは明白である」と。

(3) 国立市の対応

国立市の対応について、最高裁の事実認定は次の通りであるが、やはり不正確であり、基本的な事実でも認定されていないものがある。

ア　国立市は、平成一一年一〇月当時、本件土地を含む東京都国立市中三丁目地内の土地については、建築物の高さ等を制限する条例は定めていなかったところ、平成一一年一一月二四日になり、本件地区について、建築物の高さを二〇m以下に制限する地区計画原案の公告・縦覧を行い[34]、同年一二月四日に説明会を開催し、明和地所が本件マンションの建築工事に着手した後である平成一二年一月二四日、本件地区について、都市計画法上の都市計画として定められた国立都市計画中三丁目地区計画を告示した。

イ　本件地区計画は、その地区整備計画において、本件地区を低層住宅地区一、低層住宅地区二、中層住宅地区及び学園地区に区分し、それぞれの地区における建築物の高さを、低層住宅地区二について一〇m以下、中層住宅地区及び学園地区のうち第一種低層住居専用地域を除く地区について二〇m以下としているので、本件土地は、中層住宅地区として建築物の高さを二〇m以下とする地区となる。

ウ　最高裁の事実認定では、一一月二四日に、「地区計画案」を公告・縦覧したとなっている。一一月二四日に、公告・縦覧したのは、「地区計画原案」であって地区計画案ではない。「地区計画案」を公告・縦覧したのは、平成一一年一二月二二日である。地区計画に対しては、法律上、二回にわたっての公告・縦覧が必要であり、その度に、意見書が提出され、検討されることとなる。反対者からの意見を述べる機会でもあり、明和地所㈱からも意見書は提出され、検討されている。地区計画の手続自体に、権利者の意見を述べる機会が、組み込まれている。

また平成一二年一月二一日には、国立市都市計画審議会が開かれ、全会一致で、「中三丁目地区地区計画」を可決した。この重要な事実も認定されていない。都市計画審議会において、明和地所㈱の反対意見等も検討されている。

このような基本的な事項にミスがあるのは、東京高裁大藤判決の杜撰な事実認定があるからである。大藤判決は、このような地区計画における反対者の意見を述べる機会を何ら認定することなく、「明和地所の意向を一切顧慮することなく、地区計画を決定したことは、異例であり、明和地所の立場を配慮した慎重な対処がされて然るべきであった」と判示する（判決四三頁）。

(4) 地区計画・建築物制限条例と建築確認

本件地区計画や建築確認の制定経過等は次のとおりである。

① 平成一一年一一月一五日

住民らが、国立市長に対し、地権者の八二％の賛同署名を添え、「中三丁目地区地区計画（仮称）」を添付して要望書を提出する。本件の地区計画というものは、住民の主導によるもので、行政の主導によるものではない。

② 同　　月二四日

地区計画原案を公告・縦覧した。

③ 同　年一二月三日

明和地所㈱、建築確認申請提出

④ 同　年一二月四日

地区計画の説明会

⑤ 同　　月二二日

地区計画案の公告・縦覧した。

⑥ 平成一二年一月五日

建築確認がおりる。

⑦ 同　　月二一日

国立市都市計画審議会において、全会一致で「中三丁目地区地区計画」を可決した（一三名中八名の出席）。

⑧　同　月二四日

地区計画の都市計画公示決定、東京地裁八王子支部に建築禁止仮処分の申立てをする。

⑨　同　月三一日

臨時市議会で建築物制限条例可決（全会一致）

市長の議会開催要請に対し、「緊急性がない、会派間の調整不足、手続の不備」を理由に議長が臨時市議会開会を認めず、朝から七時間以上も議会内の調整が続けられたが、結局、議長・副議長・議会事務局不在という紛糾した中で、流会ギリギリの四時五六分、出席議員の最年長議員の開会宣言により臨時市議会が開催され、議決された。

⑩　同　年二月一日

建築物制限条例公布・施行

(5) 国立マンション紛争におけるいわゆる「後出しジャンケン」について

地区計画・建築物制限条例と建築確認の時系列については、前記(4)で述べたとおりである。両者の関係について、テレビ等のマスコミ等では、「建築確認が先におり、建築物制限条例が後に出来たのであるから、条例が適用にならないのは当然である。」旨のコメントが多く流れたので記憶のある方も多いと思うが、これが「後出しジャンケン」といわれるものである。

先に述べた様に、国立市が、建築物制限条例の制定手続に入った方が早いのである。しかし、条例を制定するには、二回にわたる公告・縦覧や都市計画審議会や議会での議決など時間を要する。さらに明和地所㈱は、建築指導主事に対して、早く建築確認をおろさないと損害賠償をするぞなどの内容証明を送付し、異例な早さで確認申請がおりることとなる。国立市住民らは、明和地所㈱の建築確認申請らこそが「駆け込み申請」であると言い、明和地所㈱やマスコミは、地区計画と建築物制限条例の制定が「後出しジャンケン」であるという。グーなのかチョキなのか、パーなのか知らないが、先に出したのは、国立市である。さらに「後出しジャンケン説」には、建築基準法三条二項に対する無知がある。建築基準法三条二項では、後に条例が成立したからといって、単純に、その建築物に条例が適用にならないものではない。テレビの影響は大きい。正確な報道を望みたい。

5　景観は誰のものか

さて景観は誰のものであろうか。

(1)　景観というものは、果たして誰のものなのであろうか。私からみると、景観は、地域住民全体のものであると思う。良好な環境を享受する住民は多数いるし、各々が他の住民と同様のものを享受するのであって、排他的なものではない。景観を享受するのには、かってな行動をとれるものではなく、地域のルールが必要である。他に譲渡できるものでもない。景観を、比較的類似する眺望と比較すると、眺望は、受け身的なもので原告の所有地からの眺望であって、個別的利益があることが確定しているのに対し、景観は、能動的なもので原告の所有地からのものとは限られず、個別的利益があるといってよいか不明確であるとこれまで考えられてきた。しかしながら、現実に訴訟を提起するためには、個別具体的な権利・利益の侵害が必要であり、景観も、個別的な権利・利益であると構成せざるをえない。最高裁判決は、景観について、個別的な利益としての「景観利益」を認めた。

(2)　最高裁判決（平成一八年三月三〇日）

「都市の景観は、良好な風景として、人々の歴史的又は文化的環境を形作り、静かな生活環境等を構成する場合には、客観的価値を有するものというべきである。被上告人明和地所が本件建物の建築に着手した平成一二年一月五日の時点において、国立市の景観条例と同様に、都市の良好な景観を形成し、保全することと目的とする条例を制定していた地方公共団体は少なくない状況にあり、東京都も、東京都景観条例を既に制定し、景観作りに関する必要な事項として、都の責務、都民の責務、事業者の責務、知事が行うべき責務などを定めていた。また、平成一六年六月一八日に公布された景観法は、『良好な景観、美しく風格のある国土の形成と潤いのある豊かな生活環境の創造に不可欠なものであることにかんがみ、国民共通の資産として、現在及び将来の国民がその恵沢を享受できるよう、その整備及び保全が図られなければならない。』と規定した上、国、地方公共団体、事業氏や及び住民の有する責務、景観行政団体がとり得る行政上の施策並びに市町村が定めることができる景観地区に関する都市計画、その内容としての建築物の形態意匠の制限、市長村長の違反建築物に対する措置、地区計画等の区域内における建築物等の形態意匠の条例による制限等を規定しているが、これも、良好な景観が有する価値を保護することを目的とするものである。そうすると、良好な景観に近接する地域内に居住し、その恵沢を日常的に享受している者は、良好な景観が有する客観的な価値の侵害に対して密接な利害関係を有するものというべきであり、これらの者が有する良好な景観の恵沢を享受する利益（景観利益）は、法律上、保護に値するものと解するのが相当である。」

「原審の確定した前記事実関係によれば、大学通り周辺においては、教育施設を中心とした閑静な住宅地を目指して地域の整備が行われたとの歴史的経緯があり、環境や景観の保護に対する当該地域住民の意識も高く、文教都市にふさわしく美しい都市景観を守り、育て、作ることを目的とする行政活動も行われてきたこと、現に大学通りに沿って一橋大学以南の距離約七五〇ｍの範囲では、大学通りの南端に位置する本件建物を除き、街路樹と周囲の建物とが高さにおいて連続性を有し、調和がとれた景観を呈していることが認められる。そうすると、大学通り周辺の景観は、良好な風景として、人々の歴史的又は文化的環境を形作り、豊かな生活環境を構成するものであって、少なくともこの景観に近接する地域内の居住者は、上記景観の恵沢を日常的に享受しており、上記景観について景観利益を有するものというべきである。」（判決一一頁）

6　景観利益の共有主体

景観利益の共有主体については、様々な考え方があるが、国立マンション訴訟の判決においても、様々な考え方があった。最高裁判決は、「良好な景観に近接する地域内に居住し、その恵沢を日常的に享受している者」とし、ある意味で非常に広く認めており、評価のできるところであるが、「景観に近接する」とは何かについては明確でない所がある。また「日常的に享受してきた」というからには、ある程度の時間的な享受は必要であろう。これに対し、行政訴訟東京地裁・市村判決では、「原告適格の問題」[5]として、「地区計画内の地権者」とする。また民事訴訟東京地裁・宮岡判決では、「景観利益を有するのは、大学通りの両側二〇メートルの範囲内に土地を所有する者」とした。

7　景観利益の侵害について

今回の最高裁判決で、景観利益が認められたが、その侵害行為を排除することは、現実的に極めて困難であり、大きな問題点が残った。すなわち、最高裁は、「景観利益は、これが侵害された場合に被侵害者の生活妨害や健康被害を生じさせるという性質のものではないこと、景観利益の保護は、一方において当該地域における土地・建物の財産権に制限を加えることとなり、その範囲・内容等をめぐって周辺の住民相互間や財産権者との間で意見の対立が生ずることも予想されるのであるから、景観利益の保護とこれに伴う財産権等の規制は、第一次的には、民主的手続により定められた行政法規や当該地域の条例等によってなされることが予定されているものということができることなどからすれば、ある行為が景観利益に対する違法な侵害に当たるといえるためには、少なくとも、その侵害行為が刑罰法規や行政法規の規制に違反するものであったり、公序良俗違反や権利の濫用に該当するものであるなど、侵害行為の態様や程度の面において社会的に容認された行為としての相当性を欠くことが求められると解するのが相当である。」と判示する。

この最高裁判旨からは、景観を破壊するような行為、例えば、高層マンションのような場合は、建築確認を得ているのが通常であるから、刑罰法規や行政法規に違反する等のことは考えにくく、マンション建築行為を景観破壊行為と捉えて、排除することは事実上困難である。これでは景観利益を認めたといっても、実際に景観を保護していくことは難しく、画に描いた餅でしかない。

8 環境訴訟の問題点

(1) 弁護士と環境事件

現在、私は、東京弁護士会内の公害・環境特別委員会の委員長を勤めているが、公害・環境特別委員会は人気のない委員会であるというところが、現実であり、活性化させるにはどうしたらいいか、悩んでいるところである。社会では、「環境の世紀」であるなどと言い、テレビ・新聞などでは環境問題に対する番組や記事がないことはない。それにもかかわらずである。その原因は、結局のところ、環境事件に経済性がなく、市場原理が働かないというところにある。弁護士の使命は、基本的人権の擁護や社会正義の実現にあると言ったところで、また社会の役に立ちたいと思ってみても、現実問題として、食べていくことができなければ、しょうがない。また環境事件においては、ほとんどのケースは、住民側には、資金がなく、専門的知識もなく、情報もないという無い無い尽しの不利な立場に置かれている。また法律も細分化し、環境問題も典型七公害だけではなく、様々な法律に精通することは不可能に近い。かかる状況下での弁護活動は容易なことではない。環境事件は、「新しい人権」の問題であり、訴状・準備書面を書くにしても、過去の判例では認められていないのであるから、学説を調査し、現代的視点から、何故問題となっているのかを書き、憲法論から説き起こすなど、手間のかかること甚だしい。環境事件を受任し、膨大な時間と労力をかけた挙げ句、裁判に勝てず、収入も見込めないというのであれば、誰でも環境事件は引き受けたくなくなる。環境訴訟における弁護士の関わり合いは、ボランティア的な面が多分にあるのが、現実である。環境問題に関与するということは、現代の日本においては、弁護士に限らず、そういった面があるのかもしれない。そうとすれば、残念なことである。司法の改革においても、環境訴訟や住民訴訟が、もっと容易にできるような改革は、ほとんど検討すらされていない。

(2)　事件の見通し

何の事件であれ、事件を受任する際、依頼人から聞かれることは、「先生、勝てますか。」ということである。弁護士の役目として、事件の見通しをはっきりと述べることが必要である。環境訴訟においても同様であるが、環境訴訟においては、この見通しは仲々言いにくい。「負けるでしょう。」ということである。環境や景観がまぎれもなく侵害され、助けを求めて必死になっている大勢の住民を前にして、「負けるでしょう。」とは言いにくい。法律家としての弁護士にとって、法律というものが、環境破壊に対して、如何に無力であるのかを確認することであり、やり切れない思いもある。しかし、「負けるでしょう。」と言うことにより、住民らには、これから進んで行こうとする目標が、非常に厳しい道のりであることを示し、住民の結束力や覚悟を高めていく面はある。私は、こう言うことにしている。国立マンション問題の裁判前の住民集会においても、そう言った。「負けると思う。負ける戦をするのは、頭が悪い。しかしながら、負ける戦でもしなければならない場合がある。それは、大義名分のある場合である。今回の場合、大学通りの環境が破壊されるのは事実である。法律的な問題により、裁判は負けるかもしれない。しかし、正義は間違いなくこちら側にある。不動産業者が、国立の住民が長年かかって形成してきたものを、土足で踏みにじろうとしていると言うのなら、何らかの行動を起こす必要があるのではないか。」らと。

(3) 裁判の結果

現実の裁判では、良くない結果が出ることが多い。担当弁護士としては、落胆するが、それを表に出してはいけない。不当な判決に対しては、住民と共に、怒ることも必要かもしれないが、冷静さを失ってはならない。住民が落胆している時に、弁護士まで意気消沈していてはいけない。仮処分で負けても、まだ訴訟があると言い、地裁で負けても高裁があると言い、住民達のモチベーションを低下させないことが必要である。難しいことである。

国立マンション訴訟では、途中段階であったが、良い結果が出た。このことで、住民運動の勢いが増す。すなわち、平成一二年一二月二二日の建築禁止仮処分の東京高裁・江見決定では、明和マンションは建築基準法上も違法建築物とされた。次いで平成一三年一二月四日の行政訴訟、東京地裁市村判決では、明和マンションは違法建築物であるので、「本件マンションについて、違法部分を是正するために、是正権限を行使しないのは違法である」とされた。さらに、平成一四年一二月一八日の民事訴訟、東京地裁宮岡判決では、大学通りの沿道から近い部分のみであったが、「高さ二〇ｍを越える部分は撤去せよ。」とされた。何れも一二月で、三年続けて、クリスマスプレゼントをもらったことになる。国立マンション問題に対する住民運動が続いた理由の一つである。逆に、地裁レベルで良い結果であっただけに、高裁レベルで逆転したときは、そのショックは大きかった。

(4)　住民運動と裁判について

ア　住民運動

住民運動というものは、裁判闘争だけではない。ビラ配りもあり、看板・垂れ幕の設置もある。街頭演説や署名活動もある。シンポジウムを開催するなどして、一般市民に対して啓蒙活動をする必要もある。住民運動として、しなければならないことは山ほどある。しかし資金もなく、住民のエネルギーは有限である。あれもこれも要求する訳にはいかないが、可能な限り、様々な住民運動を展開する必要がある。住民運動の中で、裁判は最も重要な活動と位置づけられる。裁判が始まると、明確な目標も出来るが、大変な労力と費用を要することとなる。裁判を弁護士だけに任せておいてはいけない。弁護士に対する精神的・物理的な応援というだけではなく、住民らも、訴訟の当事者として、裁判に関わっていかなければならない。裁判の準備のみならず、裁判の結果を記録していくことも必要である。

裁判の期日には、多くの住民が、法廷傍聴し、住民の熱意を示す必要がある。その熱意が弁護士にパワーを与えることにもなるし、裁判官をも動かすことなる。国立マンション訴訟では、東京地裁では大法廷で行われたが、法廷傍聴が抽選となったことも多々あった。また裁判の準備で、良く住民や桐朋学園父兄らは、手伝ってくれたし、様々な情報を調査し提供してもらった。充実した住民運動は、裁判で負けても、その後に、継続性をもって公共的な活動を担っていくことがある。

住民運動が何時の間にか、裁判闘争だけになってしまうことがある。これは良くないことである。裁判だけで、環境問題について、勝ち抜ける訳がない。住民運動が、裁判だけに寄りかかられると、弁護士の負担だけが重くなる。住民運動は住民がするものである。

反対運動を遂行しているのが、裁判に関わっている弁護士と、ほんの一握りの住民だけになったという例もあるが、そのような住民運動は負けて当然である。

イ　裁判の意義

裁判は、前にも述べた様に、健康被害が生じない限り、勝てないと覚悟した方が良い。しかしながら、勝てないからといって裁判に意義がない訳ではない。業者に対して、交渉をしようとしても、全く無視されることがあるが、裁判になれば、そうはいかない。国立の住民も、明和地所㈱の本社に抗議に行ったところ、門前払いされたが、裁判になれば、行政も業者も、無視する訳にはいかず、対応せざるをえなくなる。

また住民らにとっても、ある程度の事案の分析もでき、法律的な見解も明確になり、問題点が理解されてくるし、目標ができ、情報を集めるなどの結束を高めることができる。

またマンションの販売業者にとってみれば、裁判の提起されていることは、重要事項説明書に記載されねばならず、そのマンションを購入すれば、購入者は、裁判の当事者となることとなる。これは、不動産販売業者にとって、好ましいことではない。住民らが、和解で決着させることも視野に入れるなら、裁判は極めて有効となる。ただし、その場合でも、事案についての、住民側の正当な言い分は必要である。正当な言い分がなければ、業者から有利な条件は引き出せない。

ウ　訴訟には長期間かかること

現実の仮処分は、時間がかかり、住民運動の志気を低下させることなく、続けていくことは大変である。建築工事禁止の仮処分は、通常双方審尋となり、数回の審尋を経て判断されることが多いが、技術的な資料の作成等にはある程度の時間を要する。建築禁止仮処分を申立てても工事がストップすることはあまりなく、工事は進行し、住民にはあせりも生まれる。また訴訟となれば、さらに時間を要する。最高裁の判断まで求めるとすれば、何年もかかることとなる。建築訴訟において、建築工事が完了するまでに、司法の判断が出ることは、ほとんどないのではないか。建築問題においては、「作った者勝ち」という風潮がある。莫大な建築費をかけて建築しようが、その経済性を考慮すべきでなく、撤去すべき建築物は撤去すべきである。国立マンション訴訟の民事訴訟の東京地裁宮岡判決は、「高さ二〇 mを越える部分は撤去せよ」という当然ではあるが、勇気のある判決であった。国立マンション訴訟では、建築禁止の仮処分を八王子支部に提起したのが、平成一一年一月二四日であり、最高裁判決が出たのは平成一八年三月三〇日である。この間、東京高裁において、明和マンションが違法建築物であるとされても、また東京地裁において、「撤去せよ。」との判決が出ても、工事がストップすることはなかった。「司法」というものの威信の低下が伺われる。

エ　住民の数

住民運動では、多くの住民が、結束することが必要である。多数の住民が結束することにより、より多くのパワーが生まれる。少数の者だけで、住民運動を遂行していくことは無理なことである。住民運動では、なすべきことは山ほどあり、多額の資金が必要となる。

少数の住民だけでは、労力の点でも経済力でも、その負担に耐えることもできない。現実には、住民の資金力に差があるのであって、多く負担する者、少なく負担する者がでてくる事はやむを得ない。しかし一部の住民だけが、経済的な負担をするのは、良くないことである。経済的負担の難しい者は、労力を提供することなどを考える必要がある。また住民の中では、その環境や景観に対する温度差もある。大学通りを日常的に眺めて暮らす者と、そうでない者とでは、大学通りの大切さも異なるであろう。これらの住民を束ねていくのは大変であり、強力なリーダーシップが必要である。リーダーは、弁護士ではなく、住民の中から出なければならない。

裁判では、ある程度の人数がいないと、裁判所も、「問題視しているのは、この程度か。」と思われる。東京高裁大藤判決などは、極端で、「いずれにしても全体で約五〇名であって、日常大学通りの景観と関わっている人々のごく一部に過ぎないのである」（判決二一頁）などと判示されている。国立マンション問題における住民のエネルギーや悲鳴、またこの運動を支えている多くの人々の思いを感じ取れない想像力の貧困さでは、何を言っても無駄な感がある。また原告数が増えれば、人数に応じて、印紙代も増えていくこととなり、その金銭的負担も無視しえない[6]。

(5) 環境権・景観権（景観利益）が具体的権利（利益）として認められていないこと

環境訴訟に市場原理が働かない一番の理由は、裁判に勝てないことである。健康被害が発生した場合以外は、まず勝てない。勝訴することができれば、弁護士として、何かしらの道は開けてくる。勝てない一番の理由は、環境権・景観権（利益）が具体的権利（利益）として認められていないことである。環境権、景観権等の権利性が不明確、不充分なのである。

環境権は、環境破壊に対する住民の権利として、「環境を支配し、良き環境を享受しうる権利があり、みだりに環境を汚染し、快適な生活を妨げ、あるいは妨げようとしている者に対しては、この権利に基づいてこれが妨害の排除または予防を請求しうる権利がある」と主張された。この環境権は、一定の地域を中心とする環境を考え、それを地域住民が共有し、支配する私権であると考えられてきた。しかしながら環境権については、抽象的な権利性は認められていても、具体的な権利性については認められていない。東京高裁大藤判決などでは、「個人について良好な景観を享受する権利等を認めた法令は見当たらない」（判決一九頁）と切り捨てられているが、今回の最高裁の判決により、「景観利益」が認められた。

(6) 専門的知識の欠如

ア　公害・環境訴訟を闘っていくには、科学的知識・医学知識・建築知識等が必要となる。現代においては、様々な分野に細分化し、それぞれの分野において高度な専門的知識が必要となっている。ところが被害者であり、地域環境の一方の担い手である住民らは、これらの問題に関する専門的知識を有していない。専門家を動員する必要があるが、それにはまた資金が必要となる。立証責任の転換・軽減、専門家を動員できる資金援助の制度等の制度が望まれるところである。

イ　国立マンション訴訟では、桐朋学園が当事者に加わっていたことが大きい。人的には専門協力者会議が組織され、その知識を使えたこともそうであるが、学校が当事者となっていることで、環境訴訟において不可欠な、意見書を書いてもらうなどの学者の協力が得やすかった[7]。

(7) 被害を数値化しにくいこと

良好な環境が破壊された場合に、その損害を数値化しにくいという問題がある。現在の裁判制度においては、裁判所に対し、訴訟を提起するには、具体的個別的な権利・利益が侵害されたことが必要である。さらに被害の救済を請求する場合には、裁判所が判断できるように、原則として、その被害を主張立証しなければならないが、環境が破壊された場合の被害を客観的に立証することは難しい。景観の様に、それ自体が、多様であり主観的なものであるなどとされると、被害自体も主張しにくくなる。東京高裁大藤判決のように、景観の評価は多様で主観的なものであり、そのようなものは権利（利益）として認めることはできないということになる。そのような個々人により、判断が区々となるものは、司法の審査に適さないということでもある。なお環境訴訟においては、個別的な損害賠償はできないという考え方も有力である。

国立マンション問題では、広幅員の道路に高さ二〇ｍに揃った銀杏並木や桜並木のところに、無機質な四四mの高層マンションが建築されれば、通常人の感覚であれば、景観破壊は、明らかであると思うが、住民個々の損害を客観化することは難しい。最高裁判決が認めたものは、「景観利益」であって、「景観権」ではない。「景観利益」では、原則的には、損害賠償請求はできても、差止めはできないという考え方も強い。8。

(8) 資金のないこと

住民運動をするには多額の資金が必要である。住民を組織するにしても、事務局を立ち上げれば、その場所を確保する資金、連絡網の整備、看板、ビラ等の印刷費用等の資金が必要である。地域住民らを啓蒙していくことも必要であるが、そのためには、説明会やシンポジウムを開催することが必要となる。説明会を開催するにも、その会場を確保する必要もあるし、単に説明会を開催しても住民は来ないので、ミニコンサートとの抱き合わせで開催するとすれば、その費用もかかる。シンポジウムを開催するとすれば、会場の確保はもちろん、パネリストとして学者や有識者を呼ぶこととなり謝礼もかかり、その費用はバカにならない。問題点の究明のために、専門家を動員するとすれば、その費用もかかる。訴訟を提起するとなれば、弁護士費用はかかるし、訴訟提起のための印紙代や訴訟を遂行していく費用もかかることとなる。

国立マンション問題では、長年月にわたる裁判費用、五回にわたるシンポジウム、三回にわたる署名活動、日常的なビラ配り、事務局の経費等々、相当な資金が必要であったと思われる。また学者や、弁護士・一級建築士・まちづくりプランナーらに対する謝礼等も必要であった。資金の点では苦労したと思われる。

(9) 報酬の少ないこと

環境訴訟においては、住民らは、公共的な利益のために（景観利益が個人的な利益であるとはいっても）、闘っている。そして資金力は、乏しく、お金に苦労しているのが一般である。住民らが、そのような状況で闘っているのに、なかなか報酬は取りにくい。この考えには、もちろん批判はある。自分らの権利を守るために、お金を出さないという方が本来的にはおかしく、弁護士としての正当な対価はもらうべきということである[9]。住民らは、公共的な利益とはいっても、自らの地域の公共的な利益であるが、弁護士にとっては、個人的には関係のない公共的な利益である。弁護士の使命が、社会正義の実現にあるといっても、それは仕事を通しての話である。日本の社会では、知識やノウハウの様な、無形の物には、報酬を払いたがらない傾向があるが、それは正当なことではない。

また弁護士の報酬は、原則として、着手金と成功報酬からなる。環境事件においては、勝てないことが多い。勝てなければ、成功報酬はもらえない。また勝っても、住民らに、お金は入ってこない。住民らに、現実的な利益がなければ、やはり報酬はもらいにくい。

その結果、弁護士は、環境訴訟においては、労力に匹敵する報酬を得ることは、ほとんどない。

(10) 行政・司法の問題点

環境訴訟に関わると、行政や司法の問題点が見えてくる。国立住民らも、環境や景観が、如何に侵害され易いものであるか、現在の条例が如何に無力なものであるか、行政を相手どり裁判を闘っていくことが如何に大変なものであるか、環境訴訟において住民側の労力が如何に大変なものであるか等理解されたと思う。この見えてきたものを忘れることなく、今行われている司法改革を見守って欲しいものである。環境問題に如何に取り組むかは、日本の国のあり方を問う問題である。また行政改革・司法改革は、権力分立と国民の権力を再調整することであり、やはり日本のあり方を変更するものである。理念が異なれば、同じ制度でも運用は変える必要もある。検討して欲しい問題は多々ある。

ア 訴訟費用負担について

訴訟費用負担については、敗訴者が負担する英国ルール、各自が負担する米国ルールとあるが、民事訴訟においても、環境訴訟などの公益性のある場合においては、片面的敗訴者負担方式（住民側が勝訴した場合にのみ、行政や業者等が弁護士費用を負担してもらう制度）を採用すべきである。このことにより、弁護士の確保されることが可能となってくる。日本でも交通事故では、弁護士費用として、取得額の約一割が認められている。環境問題については、弁護士費用の具体的な算定額としても難しいものがある。国立マンション問題では、民事訴訟東京地裁宮岡判決では、金一〇〇〇万円の請求について、九〇〇〇万円が弁護士費用として認められた。

イ　団体訴訟の導入について

団体訴訟の導入である。我が国は、団体訴訟の点では、遅れている国と言われる。団体訴訟の導入が論議されているのは、行政訴訟においてである。環境行政訴訟において、団体訴訟が導入されれば、入り口の問題としての原告適格を問題とすることはなくなる。さらに民事訴訟についての団体訴訟導入も検討して欲しいところである。行政訴訟においてすら、導入されていないのに、民事訴訟に団体訴訟の導入を望むことは、その道は遙かに遠い。しかしながら、民事訴訟において、団体訴訟が導入されれば、印紙の点、原告適格がクリアーになる点等でメリットは大きい。印紙も一人分貼れば良いこととなる。原告にしても、国立マンション訴訟では、多人数になり、裁判も長期間かかっているので、原告の中には、死去する方もおり、その承継の手続問題もあるし、学校を卒業される児童もいる。「原告」に対する業者からの切り崩し行為もなくなる。業者から、「原告」となった住民に対し、損害賠償請求をするぞといった「ムチ」は茶飯事の事ではあるし、他方、「裁判を止めれば…」といった「アメ」もあるようである。その他、団体訴訟が導入されれば、行政に対するチェック機能が強化される点、違法な行政作用に対する抑止作用の点等のメリットは大きい。ただし、如何なる団体に訴権を認めるかは問題が残る。国立マンション問題において、重要な役割を果たした「考える会」についても、訴権を認められるかは難しい。

なお団体自身については、日本の自然保護団体は、諸外国のそれに比べ、脆弱さが指摘される。それは寄附というものに対する文化の差とともに、寄附税制にも問題がある（朝日新聞二〇〇七年一一月一八日の「補助線」参照）。

なお消費者訴訟の分野では、平成一九年六月から、消費者団体に一定の差止訴訟の訴権が与えられた。

ウ　情報の公開

情報を事前に公開する制度のないことである。建築計画が充分に固まった段階で住民に対して知らされても遅い。住民に情報が知らされた時に、不動産業者が土地を取得していれば、住民の要望を受け入れて、計画の変更は難しいだろうし、取得の直前であれば、やはり後戻りは難しい。

エ　住民に対する説明について

東京都の紛争予防条例では、事業者の住民に対する説明義務を定めている。また各地方自治体の指導要綱では、事業者の一定の行為について「住民同意」を定めているが、これらは建築計画を説明するというもので、事業者に説明如何によっては、事業計画を変更しなければならないものでないことはもちろん、住民が納得のいく説明をすることすらの強制力はない。現に、事業者としては、説明会を開催する場合でも、三回ないし四回の説明会を開催すれば、その説明会が住民からみて、納得のいくものであったかとは関係なく、説明義務を尽くしたものとされる。住民に対しては、回数の問題ではなく、納得のいく説明がなされる必要がある。

オ　住民の意思を問う制度のないこと

自治体の指導要綱等で事業者の一定の行為に対して、「住民同意」を求めているものは多いが、法的拘束力はない。まちづくりということに対し、近年のまちづくり条例では、住民の参画を色々と工夫するようになっているようであるが、強制力の規定は不充分である。

カ　条例が不充分であること

現在の地方自治体では、その多くにおいて、まちづくり条例や景観条例などの条例を制定している。ところが、規定している事項、特に財産権との関係については、法律と条例との上下関係の問題もあって、極めて及び腰の規定でしかない。さらに罰則規定や強制力については、指導・助言や事実の公表程度にとどめている条例がほとんどであり、効果はない。

国立市の景観形成条例も、肝心な部分が抽象的であったり、強制力についても助言、指導・勧告、事実の公表といった不充分なものでしかなかった。

平成一六年に景観法が制定された。この制定には国立マンション訴訟・東京地裁宮岡判決の影響があった。景観法により、景観保全のためのメニューが示された。景観法は、行政による景観に対する公法的規制の問題であるが、地域による違いはあるとしても、充分に活用されているとはいいがたい[10]。

キ　有効なアセスメント制度の不存在

日本の環境アセスメントは、「アワセメント」と言われる。環境アセスメントとは、環境に影響を及ぼす活動について、事前に調査をして当該活動にかかる許認可などの行政判断の適正化を図るための資料として提供する手続である。環境アセスの充実化が課題である。国立マンション問題は、環境アセスとは関係ないが、これほど、景観との関係が問題であるなら、環境を配慮すべきことを義務づけるシステムがあっても良い。

ク　その他

クラス・アクションの導入も必要である。刑事手続においては、裁判員制度が導入された。行政訴訟や民事訴訟においても、一定の事件類型には、国民の健全な常識を反映される裁判員制度の導入も検討されるべきである。

また、訴訟制度の改革も必要であるが、司法が現在の行政裁量を適切に判断することができなければ、意味はない。司法も変わる必要がある。

おわりに

国立マンション訴訟について、あるいは環境訴訟について書くとなると、与えられた紙面では、到底、収まらない。本書でふれたのは、考えていることのほんの一部でしかない。環境問題に関わるといっても、住民と弁護士とでは、目標は同じでも、立場が異なる[11]。同じ問題でも捉え方は異なる。住民には理解できても、弁護士には考えにくいこともある。逆に弁護士に理解できても、住民には理解し難いこともあろう。弁護士の本音までは、なかなか書けないが、それでも、弁護士の考えていることの一部でも、感じてもらえれば、幸いであると思う。

1　補助参加人は、原則として一切の訴訟行為を、被参加人がしたのと同じ効果をもってすることができる（民事訴訟法四五条一項）。それにしても、国立市議会が上告に反対したことは失望するところである。

2　「大学通り」とは一橋大学を突っ切っているので、この名がある。一橋大学が、国立マンション問題に無関心であったのは、残念である。一橋大学や、本件マンションの大学通りを挟んだ反対側にある都立国立高校が、この問題に参加していたら、結果は、どうなっていたのかと考える。

3　地区計画とは

建築基準法六八条の二は、地区計画で、地区整備計画等を定め、「建築物の敷地、構造、建築設備又は用途に関する」事項を制限できるとしている。地区計画は、ミクロの都市計画といわれているように狭い範囲の地域の規制を目的としていることから、市町村の行う規制としてもっともふさわしいものである。ただし、無制限に自由な規定を認めているわけではなく、同条二項にあるように、政令で定める基準に従うことが求められている。その政令とは、建築基準法施行令一三六条の二の5であり、詳細な規定がある。

地区計画が条例化されることにより、建築基準法と連動することとなり、建築確認時の対象法令となる。通常の条例であれば、建築確認時には何ら顧慮されない。

4　明和地所㈱の配布した近隣説明書（四二頁）には、「良好な住環境を確保することが必要であると認められる場合にあっては、地区計画制度、建築協定制度等の様々なまちづくりに関する法制度が用意されているところであるので、これらの積極的な活用を検討すべき」とある。明和地所㈱自体が、地区計画について、このように言っている。

5　行政訴訟では、裁判の入り口の問題として、原告適格というハードルがある。
　小田急線連続立体交差事業認可処分取消請求事件等（最高裁平成一七年一二月七日判決）の判旨は、「都市計画事業の事業地の周辺に居住する住民のうち、同事業が実施されることにより騒音、振動、等による健康又は生活環境に係る著しい被害を直接的に受けるおそれのある者は、同事業の認可の取消訴訟の原告適格を有する。」ということである。この判決は、処分取消訴訟の原告適格を拡大したといわれる平成一六年の行政事件訴訟法の改正後の大法廷判決であり、原告適格を広く認めたものと言われる。

6　印紙の問題については、環境権・景観権を個別的利益と構成することからの問題もある。本来、公共の共同の利益であるとすれば、訴訟物としては、一つであり、原告の人数が何人であろうが、印紙は一人分（算定不能として一六〇万円に匹敵する印紙代）で良い筈である。しかし、これは、現在の訴訟制度の採るところではない。

7　国立マンション訴訟では、広島大学富井利安教授他に意見書を書いていただいた。富井教授の意見書は、「環境・公害法の理論と実践」（日本評論社）にて紹介されている。

8　大塚直「国立景観訴訟最高裁判決の意義と課題」ジュリスト一三二三号七〇頁以下。七八頁には、判決文を素直に読むと、「権利説」（私法上の権利であれば差止めが認められるが、「法律上の利益」であればそうではないとの考え方であるという。

9　「子孫のために、大切な環境を守ろう」というのなら、たかだか五〇〇円や一〇〇〇円程度で環境を守ろうというのは虫が良すぎないか。環境とはそんなに安いものなのか。その程度の価値しかないのか。破壊されようとしている環境がその程度のことで守れると考えているのか。「自分たちの子どもたちのために」といいながら、その程度の犠牲しか払う気がないのか。子ども達の未来のために、「命をかけて闘う」ほど大切なものなら、一万円でも、一〇万円でも、一〇〇万円でも高すぎることはない。もちろん不要なお金は集めるべきではないが、必要な資金については、充分に納得のうえで、集める方も遠慮すべくでない。一部の人が多く負担をするというのもできるだけ避けるべきだ。「公平な負担」は連帯意識・仲間意識の健全な発展に不可欠である。（「ごみ問題紛争事典」民事法研究会発行。梶山正三・三八三頁）

10　ジュリスト一三一四号（二〇〇六・六・一五）は「景観法とまちづくり」の特集である。

11　国立マンション問題について、住民側の視点から書いたものとして、「景観にかける」（石原一子著、新評論）がある。

Ⅲ　新しい「パブリック」の担い手としての市民運動

―シティズン・ムーブメントの視点から―

石原　一子《イチ》（景観市民運動全国ネット代表）

はじめに

私が国立（くにたち）市のマンション紛争の市民運動にかかわって七年になる。本稿は、市民運動（シティズン・ムーブメント）の視点から、国立市のマンション紛争について述べることとしたい。そこでまず、この長い七年に及ぶ国立市のマンション紛争の原因、背景をさぐって見よう。その前に国立の地理的条件から説明したいと思う。

東京駅からＪＲ中央線で西へ向かって約三〇キロメートル、快速で五〇分、国分寺駅と立川駅の間に位置し、名前の由来も国分寺の「国」と立川の「立」を取って国立とした、まちとしては人口七万三千人ほどの小さな市であり、自然発生的に出来上ったまちではなく当初から学園都市として計画的に創られたまちである。赤い三角屋根の駅舎を中心に、南に向って幅四四メートル、長さ一・二キロメートルの大通りの両側に緑地帯があり、これを幹として左右に放射状に、右手に富士見通り、左手に旭通りで「まち」が形づくられている。駅から真直の中央の大通りの両側の緑地帯には桜の木が一七一本、銀杏の木が一一七本、高く繁った並木道があり、一橋大学のキャンパスを分断した形で貫いている。この並木道にそってその一角に起った事件であった。

我々の会が「東京海上跡地から大学通りの環境を考える会」と名乗ったのは、国立のまちにとってこの大学通りはまちの「シンボル」と言おうか文字通り国立のまちの「命」「生命線」との思いがあり、我々の先輩が歳月をかけ手塩にかけ八〇年も前から心こめて育ててきた大学通りである。それ故、新東京百景にも選ばれ作家の山口瞳氏が「日本一美しい大通り」と評した通りでもある。

先ず具体的に建築物に言及する前に、その立地は桐朋学園の南に五三〇〇坪の広大な面積を有するところである。ここに一八階建て四〇〇戸の巨大なマンション計画を持ち込んだ明和地所の計画に対して、五〇名程の近隣住民が結束して集会を開いたことに端を発した事件である。

1　何時、何処で、何が起ったか？

この集会には近隣住民、桐朋学園関係者、大学通りの景観を守る活動をしている各団体（例えば国立の大学通りを公園道路にする会等）、国立の景観問題に関心を持っている市民などが集まった。

先ず素早く反応したのが桐朋学園で、教職員で組織された「マンション対策委員会」、保護者の組織の「子ども達の教育環境を守る会」、卒業生や保護者の中から法律、建築、行政、都市計画の専門家の組織の「専門協力者会議」、そして桐朋の法人本部から大西信也理事を迎えて体制を整えた。

七年に及んだマンション闘争の根っこの「コア」として、直接的に大きな被害を受けた桐朋学園の存在があったことが大きい。計画地に隣接し直接、運動場にはっきりと日影の影響、そびえ立つ砦の様な異様な形状の建物、その心理的圧迫感に対しこの国立の教育環境を最高のものと考えていた桐朋学園の関係者に言い知れぬ打撃を与えた。

又同時に、大学通りを「命」と守って来た住民は、並木の高さ以上の建物は建たないと信じて疑わなかっただけにその衝撃は計り知れないものがあった。これは大げさでも誇張でもない。今までに前例もなかったし過去に一種住専問題という洗礼を受けている住民にとっては俄かに信じられない思いであった。私個人も正直言ってそんな馬鹿でかいものが出現するとは信じたくなかった。

このデベロッパーは国立の土地柄、学園都市の由来、その歴史的背景を全く無視し或は無知と言おうか、いやむしろ資本主義の市場原理一本槍で、無謀な、傲慢な挙に出たとしか解釈のしようがない。強いて言えば地方での市街地で成功した前例をもとに、突き進んで来たものだろう。今、七年間を振り返れば国立市民が守って来た聖域については、何らの配慮も払わず、充分なリサーチも行わず、従来の不動産業界の手法（やり方）で押しすすめたため、住民の意思を見くびった報いとして、当然に受けるべき反撃であった。

大きな開発には、その土地柄、その歴史的背景を調査するのが筋道であろう。その建物の周辺の人々の理解を得るにはその人々との話し合いから始めるべきだろう。

国立の創始者堤康次郎氏が一橋大学の佐野善作学長の協力を得てドイツの大学町ゲッチンゲンを範として「大学町は学校を中心として平和にして静かな郊外の理想郷ですから、工場や風儀をみだすような営業は絶対にお断りせねばなりません」と初期の分譲宣伝ビラに書いていることからも学園都市として計画した熱き思いが理解出来る。このお二人の夢にこの町に移り住んだ人達が共鳴し、その意思を代々受けついで営々と育ててきた大学通りであり、後発のデベロッパーがこれを無視したことは国立住民の誇りを著しく傷つけたことになり許し難い暴挙ととらえても致し方がない。今日に到るまで国立のまちは多層な住民運動を経験しているし、その足跡をはっきりと残している。ここに単なるマンション紛争とは根本的に違う土壌があった。二つの大きな事実を挙げておく。

① 先ず一つは国立を文教都市として位置づけた事件

一九五〇年（昭和二五年）六月に朝鮮戦争が勃発する。これによりお隣りの立川基地（飛行場）に多数の米兵が進駐してきて、その影響は国立にも及び、国立駅周辺に米兵相手の簡易旅館や飲食店が出現しはじめ、このままでは大学町としての風紀が乱れると懸念し一九五一年（昭和二六年）五月に主婦達三〇名余りが率先して応善寺に集まり国立町の「浄化運動」に立ち上がった。当時一橋大学の学生であった私も大学の構内で派手な服装の女性（パンパンガールと称した）が米兵と手をつないで活歩する姿を見かけた。中山伊知郎学長は「浄化運動」への協力を求めてきた学生を後押しし、国立町の学校（一橋大学、国立《くにたち》音楽大学、国立《くにたち》音楽高校、桐朋学園、都立国立高校、都立第五商業高校）の関係者に呼びかけ、住民とともども大学町と子供達の環境を守るために動いた。そして風紀の乱れを規制しようと前年一一月に公布された東京都の文教地区建築条例に注目し、この指定の実現にむけて運動を発展させた。当時の町議会では侃侃諤諤の議論が続き、賛成派と反対派の攻防の末に一票差で文教地区指定を決議し、こうして国立は一九五二年（昭和二七年）全国で初めて住民発意による文教地区指定を受け、文学通り学園都市としての地歩を築いた。

②　さらに忘れてはならないことは、大学通りにおこった一種住専運動である

一九七〇年（昭和四五年）の建築基準法の改正に伴う用途地域の全面見直しの際に国立市は市民の要望を受け議会の承認を得て大学通りと、その沿道の奥行二〇メートルを第二種住居専用地域として東京都に提出した。しかし反対派住民たちはそれでは大学通りに中高層の建物が立ち並んで景観が破壊されるとして建物の高さが一〇メートル以下という自己犠牲を伴う規制の厳しい第一種住居専用地域に下げる大運動（一種住専運動）を、一九七二年（昭和四七年）から翌年にかけて展開し、現在の一橋大学から南側を第一種住居専用地域に指定し直した経緯がある。

大学通りに関連のある市民運動には所詮住民エゴとは程遠い個人的利益を犠牲にしてでも良好な住環境と大学通りの景観を守り通したいという国立市民の強い自負と、そして環境、景観に対する高い権利意識と、その中に市民自治の精神を見ることが出来る。この町は自分たちの意思で

守り育てていくものだという、誇り高いＤＮＡが脈打っている町であることの証左である。この様に幾重にも重なる大学通りの物語が下地になってこの度の私達の運動を長きに亘って支えてきてくれたと思う。

2　そこに出現した明和地所の会社の特質

明和地所は一九九九年（平成一一年）八月頃から、この国立の大学通りに、桜と銀杏の並木にそって、五三〇〇坪の（東京海上跡地）土地に一八階建て（五三メートル）の建設計画書（近隣説明書）を持って近隣住民宅をまわり始めた。その後の行動をみても充分に察しがつくが、個別訪問した明和地所の社員達は、「これを読んでもらえば分かる、近隣説明会はしない」と一方的に置いて行こうとした。これに反対する意見を言うと、社員達は「マンハッタンや新宿の高層ビル街を見て下さい。マンションが建てばこの大学通りは良くなりますよ」と並木の高さを上限とする大学通りを誇りとする住民を批難する言い方であった。これだけとってみても国立に最もふさわしくない業者であることは明白である。大学通りに面し、教育と福祉施設に囲まれた土地に持ち上った想像を絶する巨大高層マンションを周辺住民がただ単なる社員の言葉におどかされただけでなくその並はずれた手法に国立市民の心は深く傷ついた。さらに国立市民が最も危惧すべき事態に追いつめられていった。国立市民にとっては不幸なことだったのはこうした動きに介在する事業主の出現だった。近隣説明書二で決定的・威圧的・高圧的な文言によって怒りが増幅し、さらに我々の運動に油をそそぐ結果になった。この明和地所の取った行動を単なる非難としてではなく、ここで後世のために是非開陳したい。

一三九頁にわたる近隣説明書は、まず住民を黙らせるのを目的に、以下のようにはじまっている。「はじめに」のページで、住民を原告と位置づけ、事が起る前から住民を訴訟の相手と見なしていることは素人の我々にとっては驚きであった。曰く「この説明書は誰が読んでも読み易くて理解し易い内容につとめましたがこれを読む前に『説明に来い』の請求（要求）はこれをお断りします。質問はこれを読んだ後にお願いします。」（本文のまま）この厖大で身勝手な説明書をあらかじめ読んで来いとは礼儀を知らぬ全くあきれた態度としか言いようがない。説明会を開こうとしない理由もその必要がないことを裏付けようと東京都紛争予防条例を引用して、自社の計画を実現させるためにはまず近隣説明会は絶対開かない、これが明和の基本戦略であった。

次の項の建築主の原点では建築主は近隣住民に対し「権利を持つ」といい、近隣住民は「義務を負う」と一方的な法律用語を押しつけている。我々は次の様な文章を読んで完全に怒りが爆発した。「建築主に対して『権利の主張』（蒙る阻害をどうしてくれるのか）との主張がこれに該当するとしても当該主張が必ずといってよい程に却下されます。ところが原告（近隣住民）が『権利主張』をしないでそれに代るものとして『協力依頼』『気安め料の支払』等を要請（共にお願いの範疇）した場合には、建築主において一定の条件を満たす原告（被害者）に対する限り、これを採用する場合があります。要するに『権利の主張』と『お願い（協力要請）』とを取り違えれば、成る話も成らなくなるという話であります。」これは明らかに建築紛争に手馴れ、あらかじめ自分勝手に誘導し都合よく事を処理しようとするものと住民には明らかに感じとれた。

二つ目の柱として強調している「地方自治体の原点」は行政をも脅す明和地所の本音を、如実に表わしている。

曰く「地方自治体は陳情行政」ではなく「法律順守行政」に徹すべきであると行政を牽制する。まず明和地所が言わんとしていることは、順守すべき法律は「建築基準法」ということである。曰く「建築主から公表された①関係法規に抵触しない②「事前協議」にパスした（する）との計画内容であるために地方自治体においても原告（近隣住民）からの計画建物の変更を伴う請求に対してはこれを却下すべき責務があります。」

行政を巻きこんで住民の訴えを斥け、すべからく住民の言い分を却下すべきであると主張している。そして以下のようにまるで地方自治体の職員に対するおどしとも取れる文言が並ぶ。「また地方自治体の担当者が『事前協議』を行う上趣旨を逸脱（濫用）して以て建築主（土地所有者）の所有権の行使に制限を加える結果をもたらす場合には当該地方自治体の担当官の行為は許されるものではありません。国家賠償法第一条（国権力行使に基づく損害の賠償責任、求償権）の対象になります。」この地方自治体の職員に対し国家賠償法第一条の適用をほのめかしているところは相当な影響を与えた様だ。

これからその土地に建築をしようとする者が全くその道の常識もわきまえない業者であることをはっきり表現している。要するに明和地所が近隣説明書で言いたいことは建築主と近隣住民の問題に地方自治体の介入を許さないということである。これを渡された国立市の職員が国家賠償法にひっかかるかもしれないと危惧し不安にかられたことは容易に察しがつく。

続けて、明和地所は建築確認を下ろす東京都の建築指導事務所（立川）を念頭に入れて過去の事例を引きながら近隣説明書に、「窓口機関にすぎない者が形式的事項につき調査し助言指導し得るのは当然であるにしても更に進んで申請書の内容につき、自ら実質的な判断をくだしその受理を拒絶することは許さない（資格のない者は勝手なことをするな）」と書くすごさには驚くばかり。「当該義務に反して受理を拒絶した行為は国家賠償法第一条にいう公務員の違法行為に当たるものというべきであるからこれにより原告（ここは明和地所）が損害を蒙った場合、被告には同条項に基づき原告の蒙った損害を賠償すべき責任がある。」

因に東京都の建築指導部事務所の担当者が建築確認書を期限内に出さなければ、国家賠償法第一条の適用を受けて自分個人で便じなければならないと、パニック状態になっていたことを今更の如く思い出した。

これを読み終えた我々は、この会社の主張は異状であり、一体これからどう対処すればいいのだろうか、どうすればこれをはね返すことが出来るかと深く考え込んでしまった。近隣住民はもとより、市役所の職員、東京都の建築指導事務所の職員をおどし上げて、自己の利益のため景観どころか街並みを自分流に変えてみせるという恐るべき考えであることが分かった。私達はこんなことでひるんではいられない。これはよほどの常識はずれの業者であるに違いないと確信を持つようになった。

3　市民と業者の対立構造

善意そのものの住民と、したたかな業者との対決で、闘いの幕が切って落された。この対決の過程の中で経験したことは、末端地方自治体国立市の職員が業者に対して必ずしも強いとは言えないのは無理もないが、東京都の行政はどうだったのか。行政はおどろいたことに信じられないくらい企業寄りなのではないかと感じさせられる事態を見せつけられた。始めから軸足が企業側にあるから、住民が集まって陳情しても一瞥だにしてくれなかったのは当然だろうと、事態の推移のなかで思えてくるほどだった。行政は本来市民の味方だ、行政サービスは当然市民の意を汲んでくれる筈だと信じていたのがこれまでの私。我々が経験したことの中で、はっきり分かったことは、建築確認を下ろした時がいい事例である。

一四階で四三メートルの巨大なマンションの建築確認が申請からたった三二日間でおりた。前年の一二月三日に申請を行い翌年の一月五日に確認が下ろされている。年末年始の休みを除くと実質的には一七日しかないのになぜ確認を下ろしたのか。早速に抗議に出向いた我々に、都の建築指導事務所の主事から聞かされたのは、「明和地所から二一日以内に審査しなければ、国家賠償法に基づき、主事個人に損害賠償を請求する用意がある旨の上申書を突きつけられ、また事務所の廊下には明和地所の社員、弁護士、三井建設の設計担当者が張り付き、不備を指摘すると直ちに修正するという態勢で臨んできた」ということだ。それにしても建築確認を下ろす立場の主事に向かって「遅れたら罰金だ」と脅かすということは我々の常識では到底考えられないことだし、たとえおどしがあってもこの明和地所への確認が直ちに、現場の工事着工につながるはずだと考えれば、行政マンとして紛争になっていることは先刻承知の筈で、住民の立場を慮ぱかる気持があってもいいのではないかと憾まれる。私自身は住民運動の力のなさを問うた。ことが終った今でもこの異例の早さに不信感を抱いている。余談だが明和地所のこの水も洩らさぬ確認体制によくもかくまで徹底したやり方が出来ると不思議に感じていたがそれには裏があった。読売新聞に掲載された拙著の書評で御厨貴氏が「彼女が戦った相手の名前をすべて公表した勇気にも拍手を送りたい」とほめて下さったので、ここでも敢えてお名前を公表させていただくが、東京都の元法務部長で建築基準法の権威と言われた関哲夫が明和地所の弁護士として雇われていたのだ。それを聞いて言うに言われぬ不快感を感じきわめて後味がよくなかった。攻め方を知っている弁護士を使い一企業の利益のために手段を選ばぬずるいやり方を容認するのは誠に口惜しい。

更に是非ふれておかねばならないことは、国立市の市議会の特異性である。これを忘れるわけには行かない。表に出ない形でマンション問題をゆがめたと思う。先づ思い当ることは、この明和地所はこれまで国立に全く馴じみがなかったのに、市民の反対を全く意に介さない態度でずかずかと乗りこんできたのは、きっとまちの内部にそそのかす者がいたに違いない。知らぬ土地に来て大胆に事を運ぶのにはそれなりの成算があった筈だと思われることも多々あった。国立の市議会の構成は、いわゆる自・公対市民派で、古い体質をもった、自・公保守と革新の市民派とは常に対立があり、住民をそっちのけの政党ゴッコがあった。私は国会の真似事の様な政党ゴッコはやめて欲しいと苦々しく思っている。住民対明和地所の対立は、表面上の闘いであった。勿論市民の熱意即ち国立市民の大学通りへの思い入れと、資本力をバックにベテランの東京都の元幹部を抱きこんだ明和地所との闘いであったといったゆがんだ構図が浮び上がる。

市民運動には裏の取引は絶対に考えられないが資本の力は自・公に近づき、市議会の自民の議員室に出入りする姿を多くの人が目にしているし、ついには最高裁への上告を審議している議会の最中に自民の関文夫議長の応接室に明和地所の社員水野某が判決文を拡げて待機していたところを市長に見とがめられた。これを以て言い逃れは許さないことになる。ここにどろどろした事実を書き連ねているのは私の趣味ではないのだが、しかし現実の市民運動には国立市だけでなく綺麗ごとでは済まないことを分かっていただきたいと思って記述した。

4　明和地所対国立市の行政裁判について

二〇〇二年（平成一四年）二月、明和地所が国立市を相手に地区計画・建築条例の無効、取消と損害賠償を求めた通称四億円裁判の判決が藤山雅行裁判長から下ろされた。「地区計画建築条例の無効、取消」については、明和地所の訴えを却下したものの、「損害賠償請求」については国立市に四億円の損害賠償を命じた。驚愕の四億円の数字だけが大きく報道され「お前等のお蔭で国立市は四億円の賠償金を払わされるのだ。早く争いをやめろ」の声があがった。その判決の内容は、それ以前にわれわれの裁判（満田決定、江見決定、市村判決）において裁判所が認定した明和像とそ

平成14年（2002年）	12月18日	東京地裁、明和地所の建物は「景観利益」を不法に侵害し、大学通りに面する東棟の20メートルを超える部分の撤去を命ずる。
	12月25日	明和地所、控訴。（住民側12月27日控訴）
平成16年（2004年）	10月27日	東京高裁、一審判決の「景観利益」を否定したうえ、撤去命令も取り消す。
	11月8日	住民側、上告・上告受理申立て。
平成18年（2006年）	3月30日	最高裁、上告は棄却。「景観利益」は認めたものの、建物は「景観利益」を違法に侵害するものではないとして撤去は認めず。

住民の東京都相手の行政裁判

平成13年（2001年）	5月31日	住民側、東京地裁へ東京都を相手取り建物の違法部分の除去命令請求の行政裁判を起こす。
	12月4日	東京地裁、東京都が違法建物に除去命令を出さないのは不作為の違法であると判決。
	12月14日	東京都、控訴。（住民側12月18日控訴）
平成14年（2002年）	6月7日	東京高裁、建物は適法であると判決。
	6月20日	住民側、上告・上告受理申立て。
平成17年（2005年）	6月23日	最高裁、上告棄却・上告受理申立て不受理の決定。

明和地所の国立市・市長相手の行政裁判

平成12年（2000年）	2月24日	明和地所、東京地裁へ国立市を相手取り地区計画・建築条例の無効・取り消しの行政裁判を起こす。（3月9日、国立市長を相手方とした裁判を追加）
平成13年（2001年）	4月25日	明和地所、4億円の損害賠償を追加請求。
平成14年（2002年）	2月14日	東京地裁、地区計画・建築条例の無効・取り消しは却下するも、国立市に対し建物が既存不適格になったことによる損害3億5000万円、国立市・市長による信用毀損による損害5000万円合計4億円の損害賠償を命ずる。
	2月27日	国立市・市長、控訴。
平成17年（2005年）	12月19日	東京高裁、地区計画・建築条例は適法であり一審判決の損害賠償額4億円のうち3億5000万円はゼロ、5000万円は2500万円に減額の判決。
平成18年（2006年）	1月4日	補助参加人5人が2500万円の損害賠償を不当として上告・上告受理申立て。

出典：石原一子『景観にかける　国立マンション訴訟を闘って』（新評論、2007年）118～119頁

表　三つの裁判の流れ

住民 vs 明和 民事裁判	住民 vs 東京都 行政裁判	明和 vs 国立市 行政裁判
満田決定（地裁） 平成12年６月		
江見決定（高裁） 平成12年12月		
	市村判決（地裁） 平成13年12月	
	奥山判決（高裁） 平成14年６月	藤山判決（地裁） 平成14年２月
宮岡判決（地裁） 平成14年12月		
大藤判決（高裁） 平成16年10月		
	最高裁決定 平成17年６月	根本判決（高裁） 平成17年12月 （上告中）
最高裁判決 平成18年３月		

住民の明和地所相手の民事裁判

平成12年（2000年）	１月24日	住民側、東京地裁八王子支部へ明和地所を相手取り建築禁止仮処分申立て。
	６月６日	東京地裁八王子支部、仮処分申立て却下。
	６月19日	住民側、東京高裁へ抗告。
	12月22日	東京高裁、申立ては棄却。しかし建物は20メートルを超える部分は国立市の建築条例上違法と認定。
平成13年（2001年）	３月29日	住民側、東京地裁へ明和地所を相手取り建物の違法部分の撤去請求の民事裁判を起こす。

裁判まみれの明和マンション

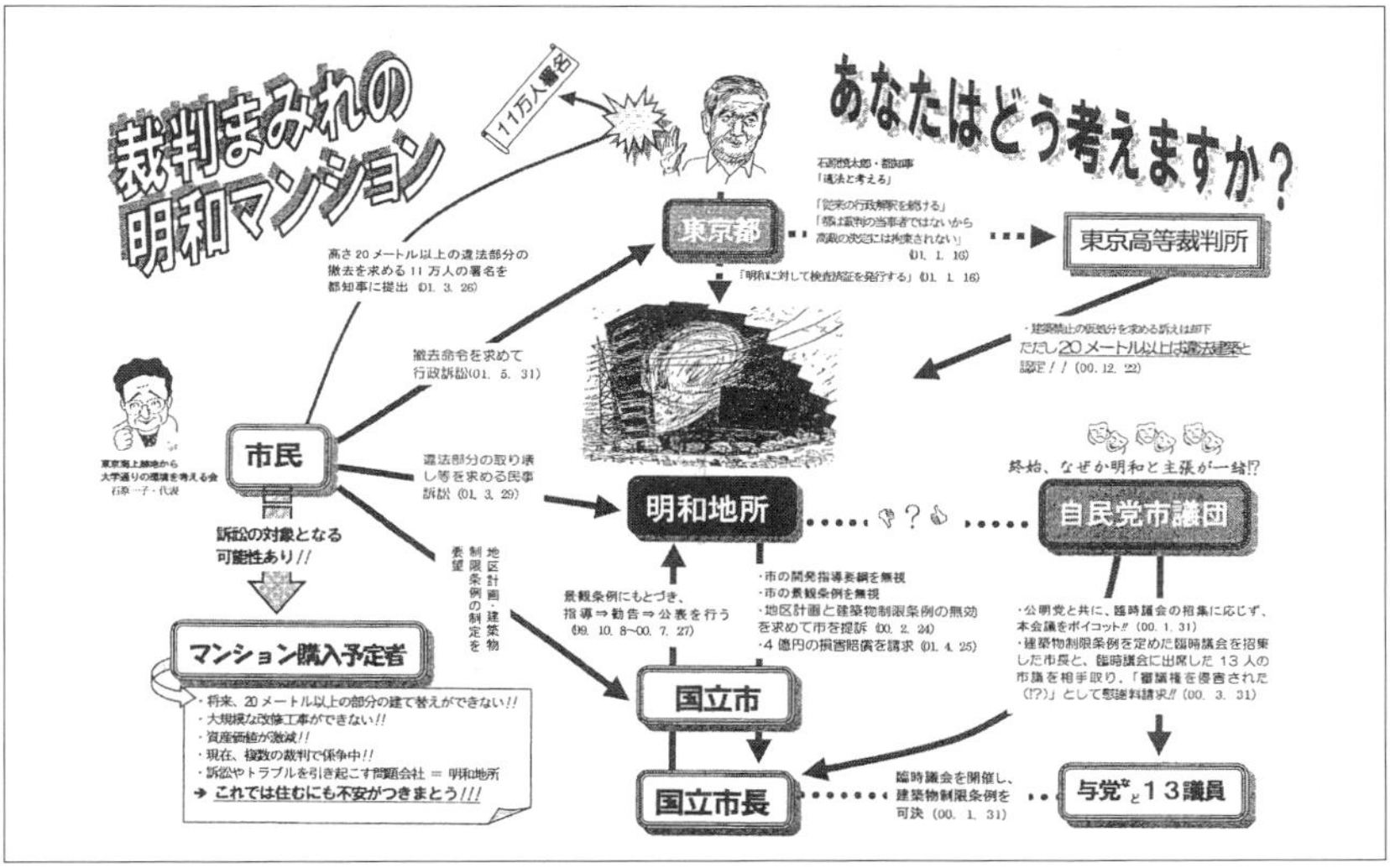

出典：石原一子「景観にかける　国立マンション訴訟を闘って」（新評論、2007年）

の地区計画決定・条例制定の経緯があまりにも事実とかけ離れていた。被害者と加害者が取り違えられていた。住民の利益を不当に侵害したのは明和地所であるにもかかわらず、住民の利益を守るための国立市行政、議会の地区計画決定、条例制定が「既存の権利者」である明和の利益を違法に侵害したと言っている。さらに重大なことは国家賠償法上も違法であるとしたことである。つまり建築阻止のための地区計画、建築条例が違法とされたのである。そして判決は、明和地所の建物が既存不適格建築物になったことによる損害として三億五千万円、市長の議会での発言などが信用毀損行為に当たるとして五千万円、合計四億円の損害賠償を命じたわけだ。当然市長は控訴の意向を明らかにした。二月二六日に開かれた臨時市議会で「国立市の財産とも言える大学通りの景観を守るための地区計画と条例を不法行為とした判決を認めるわけにはいかない。国立市の名誉をかけ、政治生命をかけて闘いたい」と控訴への理解を求めた。勿論我々が推進してきた地区計画であるし、行政裁判でも補助参加人になっているので、これをよしとして控訴をサポートした。

二〇〇五年（平成一七年）一二月一九日東京高裁の根本判決は、地区計画建築条例は適法であり、一審判決の損害賠償額四億円のうち三億五千万円はゼロに、信用毀損による五〇〇〇万円は二五〇〇万円に減額の判決となった。それでもまだ残り二五〇〇万円の損害賠償を不当として市長が上告を議会に謀ったが、自・公の議員に反対され、我々補助参加人五名が上告した。この時、こともあろうに先に述べた議員応接間に明和地所の社員水野某が待機していた事件が現実に起きたのである。何故議会開催中に市の議員応接間に明和地所の社員が呼びよせられていたのか、これをもってしても相当に深いつながりがあることは想像にかたくない疑問が住民におこるのに無理はないであろう。はっきりしているのは自民の議員の後ろ盾で明和地所が行動していることである。

この様に

○住民と明和の民事裁判
○住民と東京都の行政裁判
○明和地所と国立市の行政裁判

の三通りの取組みが裁判を通じて進められた。

一般の市民は混乱してしまった。それにはわかり易く図解し、解説するビラが必要不可欠だった。ある時は国立駅前で、ある時は谷保の駅前で、多摩信用金庫の前でその度毎に手分けして配った。

5　全国的に「国立」のマンション問題をひろめた判決

しかし何と言っても国立マンション訴訟を全国的に押し広めたのは二〇〇二年（平成一四年）一二月一八日の宮岡判決だった。明和地所の建物は「景観利益」を不法に侵害し、大学通りに面する東棟の二〇メートルを越える部分の撤去を命じたものだった。

この判決は景観利益に関して

「特定の地域内において当該地域内の地権者らによる土地利用の自己規制の継続により、相当の期間、ある特定の人工的な景観が保持され、社会通念上もその特定の景観が良好なものと認められ、地権者らの所有する土地に付加価値を生み出した場合には、地権者らは、その土地所有権から派生するものとして、形成された良好な景観を自ら維持する義務を負うと共にその維持を相互に求める利益（以下「景観利益」という）を有するに至ったと解すべきであり、この景観利益は法的保護に値する」とした。

明和地所の土地購入に関しては

「被告明和地所は、本件土地の購入にあたり、行政指導には法的に強制力がなく、公法上の高さ制限がない以上近隣住民がいかに強固に反対しようとも、これを押し切って建築を強行してしまえば何ら咎められる筋合いはないとの経営判断のもとに本件土地を購入して本件建物を建築した」とその強引さを指摘している。

明和の国立市行政批判に対して

「被告明和地所は……国立市は被告明和地所が本件土地を購入した後に突如として二〇メートルの高さ制限を求めるという一貫性のない混乱した行政を行ったと非難する……しかし本件土地の購入に先立ち、被告明和地所の担当者は、国立市の担当者から大学通りの景観を巡って再三の住民運動が起っており、景観権訴訟も係属中であること、本件土地が景観条例において景観形成重点地区の候補地になっていることなど聞かされている」と撥つけている。

近隣説明書について

「被告明和地所は、本件土地に公法上の強制力をともなう高さ規制がない以上建築を強行できると判断して本件土地の購入に踏み切ったものであり、この被告明和地所の思惑は二冊の近隣説明書に記載された『悪法もまた法律である』等の文言に如実に表れているといわねばならない」と異例なことであるが判決文の三七頁から四〇頁をその引用で埋めて悪質性を指弾している。

明和地所の企業責任について

「このように大学通りの景観を守ろうとする行政や住民を敵視する姿勢をとり続ける一方で本件土地に高層建築物を建てることによりそれまで保持されてきた本件景観が破壊されることを十分認識しながら、自らは本件景観の美しさを最大限にアピールし、本件景観を前面に出したパンフレットを用いるなどしてマンションの販売をしたことは、いかに私企業といえども、その社会的使命を忘れて自己の利益の追求のみに走る行為であるとの非難を免れないといわざるを得ない」とまで非難している。

私達が言いたかったことのすべてを言って下さって全く感動的であった。これ程司法の存在を身近かに感じさせてくれる血の通った判決は私達にとってはじめてだったから猶一層有難いと思った。しかしこれに対して明和地所はこの判決そのものを不服として東京高裁に控訴した。裁判そのものを単なる方便としている態度は常識のある人間にとっては不愉快であった。

更に企業の体質と言おうか弁護士の作戦なのか「裁判」の場を何と心得ているのか不可解に感じたことは裁判長の前で堂々と虚偽のいつわりの発言を、言いまわしの違いではなく平気で嘘をつくことは許しがたかった。これは法定侮辱罪に値すると思っている。

二〇〇三年（平成一五年）七月一六日の高等裁判所で明和地所の関哲夫弁護士は弁論で、「景観利益と言うのはわが国では珍しいというかこれが初めての判断であります。日本人は太陽をとても大切に考え、太陽の光を浴びるということにうるさくて、日照被害がしばしば問題となり日照基準というものが建築基準法や条例で規定されているわけです。しかし景観というのは景色がいいということであり、目障りだからやめてくれというのが景観利益で、振動や騒音などと違って、これはそんなに深刻な被害とは言えません。それは多分に感情的なものでそうした感情的なものは建築基準法では規定されていないのです。」

なんと浅薄な景観利益の解釈かとあきれるし建築基準法を唯一絶対のよりどころにする身勝手な発言である。

関弁護士の発言の真骨頂というか、圧巻というか、われとわが耳を疑ったのは次の発言であった。「並木並木と盛んにおっしゃいますが昭和二二年から撮影されている航空写真を持っておりますが、並木のようなものはありません。昭和四〇年代にも東京海上の前には並木などは見あたりません。」

昭和初期に住民の手で植えられ、現に立派に根を張り枝を繁らせているサクラとイチョウの並木が昭和四〇年代には存在しなかったと言うのである。一九五三年（昭和二八年）頃桐朋学園に通っていたこちらの弁護士がたまらず立ち上がって「当時既に並木があり、私はその下を通って桐朋に通いました」と反論した。この関哲夫弁護士の「並木がなかった」という発言のために、大学通りの並木が国立の開発初期から住人たちによって計画的に植樹され明和地所の前の土地も他と区別することなく植樹されていたことを立証しなければならなくなった。昔の写真を集め、文献を探しまくった。そしてイチョウの生育状況を調べるために、桐朋学園の職員は一一七本のイチョウの幹周りを一本一本すべて測り、それを写真に収めるという炎天下の作業を強いられた。明らかに虚偽の発言を裁判の法廷で許されていいものだろうか。今回の裁判での印象的な事例である。

6　市民運動の底に流れるもの

市民運動をつづける上に大切なことは、①その目的が具体的ではっきりしていること②裁判にかかれば、その情報を即刻的確に仲間に伝えること、時には大集会を開いてその意義を世間に問うくらいのことを考えたらいい。③少人数であっても定期的に集会を開いて情報を交換する必要がある。

大抵の場合、次第に集まってくる人は限られてくるし、更に関心が薄くなったと言いながら一般市民に向って駅頭に立ってビラを配ること。休日の午後は街角で、平日の夜は駅頭で、この回数が減ってくると運動そのものが消滅してしまうのかと不安を洩らす人もいた。我々はこれを日常活動とするのだ、くらいの気持がないと駄目だ。まちへ出て駅頭でビラ配りをする姿は人の目に映るものだ。このことが極めて大切なことなのだ。駅前での時間帯は午後七時三〇分～八時三〇分がビラのはけがいい。しかし中には余計なことをするなといわんばかり不愉快な表情でビラを受け取らない人、にらめつける人、こういう人達にひるまないこと。国立にとって大切な情報をお伝えしているんですよと心の中でつぶやきながら暑いときも寒いときも七年近くつづけた。

運動を支える人達は大勢いるわけではないが裁判の判決の結果により消長がある。明和地所がマンションの建物を建て始めてから大学通りの並木の高さ(二〇メートル)を越えるにしたがって、我々の運動の仲間に敗戦ムードがただよい始める。裁判にもち込んでも止められないというこの敗北感はどうしようもなく、焦燥感とともに心の中まで冷え切る。建物が建ってしまったらどうしようもない、負けだという声は巷にひろがり我々を見る目が冷たくなって行く。勝てない、認められない市民運動は何の意味があるのか、もの好きにも程がある、ほどほどにといった批判はいくらでも出て来る。

しかし市民運動が勝てないという理屈もない。勝つためには、勝ちとるためには、ねばり強く、相手が辟易するくらい言いつづけること、それが結果に結びつく筈だと試行錯誤の日々だった。自問自答で仲間と胸襟を開いて話し合いをし、はげまし合いながら、誰かが水戸黄門公のような葵の御紋を持って現われるのはおとぎ話だと言いつつ、都市計画の不備を我々のようなけし粒の様な存在が穴埋めしているのではないか。政党とは全く無縁の我々が一市民としての苦汁は筆舌に尽くし難いものだった。我々に大義名分があってもそれを司法の場で裁判を通じて証明しなければ、法治国家とは言えないだろう。

この裁判を通じて我々も学習し納得していった。不法侵入、強行投資を資本の力で押し通す市場原理主義者を、ただ資本主義体制のもとではやむを得ないとする論法に組みし難い。今や原始資本主義的発想は通用しない。金で押し通そうとする時でも、そのものの存在が社会に認められるためにはそれなりのルールがあって然るべき。CSRは企業の倫理規定である。企業の存在理由は問わるべきである。洋の東西を問わず長くつづいている企業は、ただ創業何年を謳うだけではなくその間そこに存在を認められたわけがあっての事だろう。他人をないがしろにしたり、他人の迷惑を顧みない人間がこの世でうとんぜられるのと同様、企業は自己の存在が他をみて恥じないものでなければならないのは万国に共通の真理である。

真理を掲げることで萎える心を高揚させていった。だから運動のあいだ中ブレーキを踏むことなく我々は活動をゆるめなかったし、まちの総意を汲み上げる努力も怠らなかった。それが一つに『くにたちの声』の一〇〇本の陳述書に表われている。もう一つはビラと裁判記録を集めて流れをつくり、それが次の流れをつくり出すもとでこれを学者や報道関係者に配った通称『うまい汁』である。「あなた方にうまい汁を吸わせるために私達が大学通りの環境を守って来たのではないのです」と私が叫んだことに由来する。この記録は後に私の『景観にかける』を書く時に参考になった。ビラの作成には我々の仲間に専門家がいた。これは視覚的に見やすく読み易く分り易く製作された。百貨店で宣伝の仕事をした経験から適任者を見つけ出すことは私には難しいことではなかった。一緒に活動しながら、その場の雰囲気を汲み取りながら表現する作業は貴重なものので、心の通ったボードやパンフレットやビラに結実した。これもクリエイティブな面が問われ、人々に目に見えない影響を与えていく。人々の心の底に刷り込まれて行く効果は甚大なものがあった。

7　景観法と京都市新景観政策

二〇〇四年（平成一六年）一二月に施行された「景観法」は、それを準備した「国土交通省の美しい国づくり政策大綱」の前文に反省の弁がある。「国土交通省及びその前身……は経済発展の基礎づくりに邁進してきた。その結果、社会資本はある程度量的には充足されたが我が国土は国民一人一人にとって本当に魅力あるものとなったのであろうか？四季折々に美しい変化を見せる我が国の自然に較べて都市や田園、海岸における人工景観は著しく見劣りがする。……国土交通省はこの国を魅力あるものにするため、まず自ら襟を正しその上で官民挙げての取り組みのきっかけを作るよう努力すべきと認識するに至った。」これはもぐら叩きの様な虚しく、建築業者対住民の闘いに明け暮れしている我々の胸にじーんとしみてくる言葉である。

この景観法は景観保全に取り組む自治体の強い後ろ盾となっている。その直接の効果と思われるのが、歴史的な景観を誇る京都市が二〇〇七年（平成一九年）の九月から始めた新景観政策である。その規制の強さは人口一九七万人の大都市のほぼ全域が対象という広さをカバーするという大がかりのもので、しかもこの条例に違反して是正命令に従わない場合は一年以下の懲役または五〇万円以下の罰金など罰則もある。京都の市街地の建物の高さは上限が三一メートル一〇階程度に下げられ、屋外広告物も一個あたりの面積が大きく制限された。

京都市は街の「活性化」を理由に高い建物を認めた過去がある。六〇年代の京都タワー（一三一メートル）、八〇年代末〜九〇年代旧京都ホテル（六〇メートル）・ＪＲ京都駅ビル（五九・八メートル）。こういう状況は観光に訪れる人々に東京と変らないとの声もあり、歴史都市としての存在価値が失われようとしている。この危機感が市を新政策へと踏み切らせたという。

更に城下町金沢の世界遺産登録をめざす金沢市は二〇〇三年（平成一五年）に条例を改正し眺望を守る条文を加えた。京都のふみ込んだ規則を参考にしたいと言っている。

京都について言えば、京都郊外の竹の里に突然一〇階建てのマンション建設にとまどう市民の方々が国立に訪ねて来られたのをきっかけに訪問した。その折に京都というまちが第二次大戦中敵国だったアメリカですら爆撃をしないで守られた歴史と文化の都でありながらそこに住んでいる人達にその価値が理解出来ていないのは情けないと思った。その折「ひどいまち並みは東京都なみ」と言ったのだが昨年九月にようやく、しかし思い切った新景観政策を打ち出したことは御同慶に堪えない。この導入にあたり桝本京都市長ははっきりと「景観は市民共有の財産。五〇年後、一〇〇年後をみすえた政策」「個人の財産は公共の福祉に制約されるのが世界の常識。ある程度の痛みは我慢してもらいたい」と言い切っている。首長として初めて今の京都市に最適の人が現われたというべきだろう。首長のマクロ的発想がなければこの種の導入は不可能だった筈だ。

運動をしながら感じたことは都市計画法や制度の不備とは一言でいえば、我が国の都市計画法と建築基準法は地域、地区の歴史的文化的伝統と生活様式を踏まえたまちづくりに資するものに全くなっていない。特に建築確認行政には泣かされた。建築確認は建物そのものの構造上安全であるか否かがすべてであって建物がそこに建つことで周辺地域への影響は全く考慮していない。

その不備を補うべく定められている地方自治体の要綱条例は確認行政においては全く無力であった。そして確認を行う建築主事は、自分達は「確認」するだけと言いながら、その確認を受けた開発業者はそれを建築の許可と心得て開発にとりかかる。全くまちづくり不在の確認儀式がすすめられている。その儀式には地方自治体の「長」といえども参画できないことになっている。その結果、まち並みが壊されていく。これは国のレベルで考えると由々しき問題である。マクロの問題は、誰れかが考えてくれると自分の視野から外してしまうのは都市計画でおくれをとっている日本では将来に禍根を残すことになる。ここに日本全国日本的近代都市のぶざまな醜態をさらす結果になった。到底模範となる先進国ではない。情けない恥ずかしい。早急に人間の住み易いまちづくりをしなければならない。

8 「景観市民運動全国ネット」設立

約七年に及んだ国立マンション運動のなかで特に「高さ二〇メートルを超える部分を撤去せよ」との二〇〇二年(平成一四年)一二月の宮岡判決以来、「国立」ってどこ?と言われる様な存在だった国立が、同じ様な悩みをかかえる人々の訪問を受けるようになり、恰もかけこみ寺の様相を呈した。身近な関東周辺、東京近郊はもとより大阪、京都、名古屋、長野からの訪問もあり、更には建築関係及び将来司法の道に進もうと考えている学生たちが(東京大学・早稲田大学・上智大学・龍谷大学・山梨大学・更に韓国の大学からも)やって来た。現地を訪れる人々に、この大学通りを通って例の巨大なマンションを見て貰い、桐朋学園の理事室に大西理事と私が待機して、今までの経緯を説明し質問に答えた。多い時には毎週、最低月に二回の土曜日の午後をこれにあてた。

ＪＲ国立駅から明和マンションまでの約一キロメートルのまち並みを歩きながら桐朋のＰＴＡの川合智子さんがバスガイドよろしく説明をし、百聞は一見にしかず、醜悪な異様な形状のマンション建築を見てもらい、大学通りにふさわしくないこと認識してもらう。これは説得力のある方法だった。そして桐朋学園の校庭から見上げる明和マンションは圧巻であった。ひどい建物をたてたものだと皆さん同意して下さる。その後、理事室での説明はかなり熱のこもったものになった。この経験が景観市民ネットの設立につながっていく。

私達と同じような状況に直面している方々は、自分たちの現状はもっと不利で無力であることを訴え「何から」「何処から」はじめたらいいのかと言われる。

私はその度毎に、

・誰しも、初めは知恵も経験もなく、素手の市民であること。
・志を同じくする同士が集まれば（共通の目的のため）方策が浮び役割分担が決まる。
・リーダーを選び、定期的に集まり、情報を共有して力をつける。
・目的をはっきりさせ継続しながらこれを確認しながら進む。
・継続は力なり。英首相のウィストンチャーチルが言ったネバー、ネバー、ネバー、ネバーギブアップの精神が必要。

と言いつづけた。

9　市民運動の意義

市民運動を色眼鏡で見ないでほしい。市民運動を反体制の象徴のように考えられては全く困る。市民運動はむしろ公共性の強いパブリックな、しかも強制されたものではなく、自発的なものである。何等かの理由があって一人一人が個人の力では認められない場合、何人かがまとまって行動してアピールしようとする方法の一つである。運動の過程では至らぬことがよしんば存在したとしても、市民運動は民主主義の核である。「自分」を失うことなく、強制されずに、ただ衆をたのむのではなく、自立した・自覚した個人の集まりで、そこで計ってまとめて行くことは手間ひまをかけてそれぞれが納得の行く方法ではないだろうか。

団体に属さず個人として、参加する人々は初めのうちはそれぞれに温度差があり、これを時間をかけてすり合わせて行くことに運動の意義がある。本物の民主主義を育てるためには、選挙を通じてある人物を選び、複数の中から自分が望ましい人を立てる、それは一歩かもしれないが、それでこと足れりと考えては、ただ単に選挙だけを意識した民主主義のお祭りに終ってしまう。

今までのところ候補者は選挙が終れば、次の選挙のための準備に入るため、何が民意かを深く問うことをしなくて済んでいる。我々の日常に、生活の中には直接選挙に関係なくとも時々刻々生活には変化・変動がおきている。それに対応して行くには変化を予知出来る市民がそれを察知して提案してゆかねばならない。市民の側の自覚に基づいた運動が市民運動の原点であろうと思う。一般市民生活をカバーして行くためにはメッシュのこまかなミクロの市民運動が、必要不可欠である。

国政レベルでは地球全体が違った価値観、思想でぶつかり合いながら進む、それはそれでいいが、しかしそのスピードについて行くためにも足もとの市民の意思表示を見逃してはならない。むしろ積極的に民意を吸い上げる努力が必要ではないだろうか。大がかりのデモを言うのではなく常に市民の求める生活の情報に敏感でなければならない。学習塾単位の様な市民運動が是非とも必要である。これが細胞の単位である限り民主主義は確実に根を張って行く筈である。日本の様にまだ民主主義の成熟にほど遠い国では、「個人よりも家族・学校・会社という団体を尊重する」「日本の団体尊重は……自分が『良い』団体に所属できさえすればあとはあまり社会的公正については考えない」（二〇〇八年一月一〇日朝日新聞）とハーバード大準教授の指摘は当を得ている。「競争だけでなく、個人を尊重するという意味での個人主義が日本には必要だ」という指摘は本当にそう思う。それを補うには学校教育のレベル、会社人間形成のレベルで足りないので、何とか「市民」「シティズン」をコアにして民主主義をつくり上げて行かねばならないことをこの度の運動を通じて痛感した。

10　これからの市民運動のコアは

団体尊重の日本のように大組織に属し、その会社の色に深く染まり個人の自覚を持たないまますぎてゆく会社人間は自分の目が、自分の発想が現在の自分の家の周りに及ばない人が多い。それを補完しているのが、家庭で、子育てを含めて生活に根をおろしている主婦の存在である。この存在は大きくはないがしっかり生活に根をはって地下から地中から養分を吸い上げて呼吸している。この特長とするところは、日々の生活を営みながら辛抱づよく、あきずに持久力をもち、真面目で正義感強く生きているところだ。この女性達は戦後の男女共学の教育を土台に、消費者教育の洗礼も受け、厳しい批判の目をもっている。こういう自覚を持った女性達は子育て後、これまでよりさらに長い人生を生きることになる。彼女達は自分の出番を待っている。子供に夢を託しながら自分自身も輝いていたいと切望している。自分達の親の時代と違って、自分の力を家の中だけでなく社会に認めさせたいと願っている。これが日本の将来を導く道しるべになると思う。

家庭にいる主婦に加えて団塊の世代の存在こそが日本の未来を担うだろう。学校を出てから就職し、大よその人が終身雇用を信じて朝駆け夜勤の生活の連続で、定年になったり会社の都合での人員削減で組織の外に放り出されているのが最近、私の周囲でおきている現象だ。

会社や組織の停年が人生の定年ではない。むしろこれからが自分発見の旅のはじまりではないかとさえ思える。この人達は頭の天辺から足のつま先まで長年の仕事の知恵が詰まっている。何処を切っても昨日までの会社のエキスが詰まっている。昨日まで通っていた組織を離れて野に立ってみると今まで全く気づかなかったまちの風情が眼に写つる。あらためてこんなことっておかしいぞと思えてくる場面に遭遇する。それには単純に気がつかなかったこともあるし、なかなか一筋縄ではいかない様に見えるものもある。これを不都合のない様に、リタイアした人々が改めて行くには、何がポイントで、それにはどんな道筋があるのか、その為に何が必要でどのくらいの時間がかかるのか、他人の知恵か或いはネットワークか、あるいは幾らの資金が要るのか。

世の中のことは人の頭か金の力か人の筋力で、やろうと思えばやれないことはないというのが私の経験則である。今まではお金は生活の裏付けのために必要だった。これからはボランタリーで世の中へお返しのつもりで知恵を出し、金を出し合い、体を張って思い切り自由に社会貢献をしよう。

おわりに

ところで今まではノーベル賞と言えば我々と関係のない遠い存在であったし、偉い学者であったり政治家にむけての賞であると思っていたが、二〇〇四年（平成一六年）のノーベル平和賞は「おや」ちょっと違って来たのか急に身近に感じるきっかけになった。何故ならケニアの環境活動家ワンガリ・マータイ女史に対して、その授賞の理由に、三〇年近くにわたり草の根の植林運動を育てた功績を評価したとあった。マータイ女史は、環境は平和を守るための重要な要素で、資源が破壊されれば不足した資源をめぐって争いが起ると考えて、砂漠に植林する努力をつづけて来られた。ここに市民運動の原点をみる思いがした。地球規模で起きている環境破壊を止めようとする心意気、恐らくは女性の手で押しすすめたものであるに違いない。

日本でも温暖化の影響とさらに積極的に不動産業者の開発主導で実に簡単に樹齢何百年の樹木がばさばさと倒され、更地の上に高層マンションを建てる日常の状況は、目を覆うばかり。倒された樹の年令を取り戻すには、そのかかった年月を経過しなければ取り戻すことが出来ないことを思えば「一本倒せば一本植える」方策でもたてない限り日本もやがてきっと砂漠になってしまう。今、砂漠になっている地域も以前は緑豊かな森だったことを思うと他人事ではない。環境に無関心な無防備な日本人の大人は次の時代のことを考えていない無責任な人達であると言われても致し方がない。

バングラデシュのチッタゴン大学教授のムハマド・ユヌス氏が総裁を務めるグラミン銀行が二〇〇六年（平成一八年）のノーベル平和賞を受賞したという報道に再度衝撃を受けた。ますますノーベル賞が身近に感ずる様になった。

自分が教わった学問が自分のためになっているとしても果して世の中の人のためになっているのだろうか。私が学んだ頃と比べて世の中は進歩し生活水準があがったとは言え、衣食は足りても、かけがえのない環境を開発の名のもとに平気で破壊している国って本当の意味の先進国と言えるだろうか。

ムハマド・ユヌス氏こそが本物の経済学者心を持った勇気のある聡明な人なのだ。困まっている人の側に立つことの出来る人は並の人ではない。まず動機が大学の近くに住んでいる農村の女性が竹でいすを編んで売るのに、材料を買う金がないため仲買人から高利で借金し、わずかな収入しかならないことを知ったのがきっかけになった。住民がわずかな金がないために苦労していることが分った。早速、調べてみると金を必要としている人は四二世帯でたった二七ドルだった。すぐ自分のポケットからその金を彼らに与えた。そして銀行へ行って貧しい人々に融資をと話したら「担保がないので融資はできない」と断られ、数ヶ月間交渉してそれなら自分が保証人となる形で金を貸してもらった。

教授は壮大な地球規模で貧困の撲滅を考え、貧しくても人々は金をきちんと返済することを知って、貧しい人々のために自分で銀行を設立した。銀行が貧しい人ばかりでなく女性にも融資しなかったことを不公平だと思い不公平と闘い、結果女性が借りた金を子供や家のために使い将来に備えることが分かり、無担保少額の融資を行なうことで貧困の悪循環から脱出する手段を提供した。学者であり且つ現状を直視して、実行にうつす勇気のあるヒューマンな方だ。

是非ご本人にお目にかかりその謦咳に接したいと、来日された折、日本経済新聞社の講堂へ出かけて行った。私の琴線にふれた通りの教授だった。おだやかな態度で、淡々とグラミン銀行を設立した動機をお話になった。本を読んで知っている話だが何度きいてもいい話だと思った。教授の言葉で印象に残ったのは、貧困は貧しい人々がつくるのではなく他の人がつくるのだ。貧困は生活水準だけでなく、考え方や行動にも影響を及ぼし人間をそこから逃れられなくする。しかし慈善では人を救うことはできない。貧困に制度的に取り組むには人々に責任を与えること。金を借り、ちゃんと利息を付けて返済し、自分にもいくらか残すことが出来る。責任を持つということはそう言うことだと言い切っている。

まさに真の教育者にふさわしい方だ。地球温暖化問題についても、地球環境についてもグローバルスタンダードを作るべきだと提案している。

私が言いたいことは、貧困からの脱却も環境問題もノーベル賞ですら避けて通れない、さし迫った問題で、これを私達日本人の問題としてとらえてほしいと同時にこれからの世代を担う大学生に身近な問題を大切にし、そこから生まれる発想が世の中を変えると言うことを訴えたかった。

《参考文献》

『景観にかける』　石原一子　新評論

『法の実現における私人の役割』　田中英夫・竹内昭夫　東京大学出版会

『風景のなかの環境哲学』　桑子敏雄　東京大学出版会

『市民社会論　―その理論と歴史』　吉田傑俊　大月書店

『民主主義　古代と現代』　M・I・フィンリー・柴田平三郎訳　講談社学術文庫

都市政策フォーラムブックレット No. 2

景観形成とまちづくり

―「国立市」を事例として―

2008年3月20日　初版発行

監　修　首都大学東京 都市教養学部 都市政策コース
〒192-0397 東京都八王子市南大沢1-1
ＴＥＬ　042-677-1111
ＵＲＬ　http://www.urbanpolicy.tmu.ac.jp
代　表　和田　清美（都市政策コース長）
発行人　武内　英晴
発行所　公人の友社
〒112-0002 東京都文京区小石川5-26-8
ＴＥＬ　03-3811-5701　ＦＡＸ　03-3811-5795
Ｅメール　koujin@alpha.ocn.ne.jp
ＵＲＬ　http://www.e-asu.com/koujin/

「官治・集権」から

「自治・分権」へ

市民・自治体職員・研究者のための

自治・分権テキスト

《出版図書目録》

公人の友社

112-0002　東京都文京区小石川５－26－８
TEL　03-3811-5701
FAX　03-3811-5795
メールアドレス　koujin@alpha.ocn.ne.jp

●ご注文はお近くの書店へ

小社の本は店頭にない場合でも、注文すると取り寄せてくれます。

書店さんに「公人の友社の『○○○○』をとりよせてください」とお申し込み下さい。５日おそくとも10日以内にお手元に届きます。

●直接ご注文の場合は

電話・ＦＡＸ・メールでお申し込み下さい。（送料は実費）

TEL　03-3811-5701　FAX　03-3811-5795
メールアドレス　koujin@alpha.ocn.ne.jp

（価格は、本体表示、消費税別）

都市政策フォーラムブックレット

（首都大学東京・都市教養学部 都市政策コース 企画）

No.1
「新しい公共」と新たな支え合いの創造へ ―多摩市の挑戦―
首都大学東京・都市政策コース
900円

No.2
景観形成とまちづくり ―国立市を事例として―
首都大学東京・都市政策コース
1,000円

地域ガバナンスシステム・シリーズ

（龍谷大学地域人材・公共政策開発システム オープン・リサーチ・センター企画・編集）

No.1
地域人材を育てる自治体研修改革
土山希美枝 900円

No.2
公共政策教育と認証評価システム―日米の現状と課題―
坂本勝 編著 1,100円

No.3
暮らしに根ざした心地良いまち
野呂昭彦・逢坂誠二・関原剛・吉本哲郎・白石克孝・堀尾正靱
1,100円

No.4
持続可能な都市自治体づくりのためのガイドブック
「オルボー憲章」「オルボー誓約」翻訳所収
白石克孝・イクレイ日本事務所編
1,100円

No.5
英国における地域戦略パートナーシップの挑戦
白石克孝編・的場信敬監訳 900円

No.6
マーケットと地域をつなぐパートナーシップ
協会という連帯のしくみ
白石克孝編・園田正彦著 1,000円

No.8
財政縮小時代の人材戦略
多治見モデル
大矢野修編著 1,400円

No.10
行政学修士教育と人材育成
―米中の現状と課題―
坂本勝著 1,100円

北海道自治研ブックレット

No.1
市民・自治体・政治
再論・人間型としての市民
松下圭一 1,200円

地方自治土曜講座ブックレット

《平成7年度》

No.1
現代自治の条件と課題
神原勝 [品切れ]

No.2
自治体の政策研究
森啓 600円

No.3
現代政治と地方分権
山口二郎 [品切れ]

No.4
行政手続と市民参加
畠山武道 [品切れ]

No.5
成熟型社会の地方自治像
間島正秀 [品切れ]

No.6
自治体法務とは何か
木佐茂男 [品切れ]

No.7
自治と参加アメリカの事例から
佐藤克廣 [品切れ]

No.8
政策開発の現場から
小林 勝彦・大石和也・川村喜芳
[品切れ]

《平成8年度》

No.9
まちづくり・国づくり
五十嵐広三・西尾六七 [品切れ]

No.10
自治体デモクラシーと政策形成
山口二郎 [品切れ]

No.11
自治体理論とは何か
森啓 [品切れ]

No.12
池田サマーセミナーから
間島正秀・福士明・田口晃 [品切れ]

No.13
憲法と地方自治
中村睦男・佐藤克廣 [品切れ]

No.14
まちづくりの現場から
斎藤外一・宮嶋望 [品切れ]

No.15
環境問題と当事者
畠山武道・相内俊一 ［品切れ］

No.16
情報化時代とまちづくり
千葉純・笹谷幸一 ［品切れ］

No.17
市民自治の制度開発
神原勝 ［品切れ］

《平成9年度》

No.18
行政の文化化
森啓 ［品切れ］

No.19
政策法学と条例
阿倍泰隆 ［品切れ］

No.20
政策法務と自治体
岡田行雄 ［品切れ］

No.21
分権時代の自治体経営
北良治・佐藤克廣・大久保尚孝
［品切れ］

No.22
地方分権推進委員会勧告とこれからの地方自治
西尾勝 500円

No.23
産業廃棄物と法
畠山武道 ［品切れ］

No.25
自治体の施策原価と事業別予算
小口進一 600円

No.26
地方分権と地方財政
横山純一 ［品切れ］

《平成10年度》

No.27
比較してみる地方自治
田口晃・山口二郎 ［品切れ］

No.28
議会改革とまちづくり
森啓 400円

No.29
自治の課題とこれから
逢坂誠二 ［品切れ］

No.30
内発的発展による地域産業の振興
保母武彦 ［品切れ］

No.31
地域の産業をどう育てるか
金井一頼 600円

No.32
金融改革と地方自治体
宮脇淳 600円

No.33
ローカルデモクラシーの統治能力
山口二郎 400円

No.34
政策立案過程への「戦略計画」手法の導入
佐藤克廣 ［品切れ］

No.35
98サマーセミナーから「変革の時」の自治を考える
［品切れ］

No.36
地方自治のシステム改革
辻山幸宣 ［品切れ］

No.37
分権時代の政策法務
礒崎初仁 ［品切れ］

No.38
地方分権と法解釈の自治
兼子仁 ［品切れ］

No.39
市民的自治思想の基礎
今井弘道 500円

No.40
自治基本条例への展望
辻道雅宣 ［品切れ］

No.41
少子高齢社会と自治体の福祉法務
加藤良重 400円

《平成11年度》

No.42
改革の主体は現場にあり
山田孝夫 900円

No.43
自治と分権の政治学
鳴海正泰 1,100円

No.44
公共政策と住民参加
宮本憲一 1,100円

No.45
農業を基軸としたまちづくり
小林康雄 800円

No.46
これからの北海道農業とまちづくり
篠田久雄 800円

No.47
自治の中に自治を求めて
佐藤 守 1,000円

No.48
介護保険は何を変えるのか
池田省三 1,100円

No.49
介護保険と広域連合
大西幸雄 1,000円

No.50
自治体職員の政策水準
森啓 1,100円

No.51
分権型社会と条例づくり
篠原 一 1,000円

No.52
自治体における政策評価の課題
佐藤克廣 1,000円

No.53
小さな町の議員と自治体
室崎正之　900円

No.54
地方自治を実現するために法が果たすべきこと
木佐茂男　［未刊］

No.55
改正地方自治法とアカウンタビリティ
鈴木庸夫　1,200円

No.56
財政運営と公会計制度
宮脇淳　1,100円

No.57
自治体職員の意識改革を如何にして進めるか
林嘉男　1,000円［品切れ］

《平成12年度》

No.59
環境自治体とＩＳＯ
畠山武道　700円

No.60
転型期自治体の発想と手法
松下圭一　900円

No.61
分権の可能性
スコットランドと北海道
山口二郎　600円

No.62
機能重視型政策の分析過程と財務情報
宮脇淳　800円

No.63
自治体の広域連携
佐藤克廣　900円

No.64
分権時代における地域経営
見野全　700円

No.65
町村合併は住民自治の区域の変更である。
森啓　800円

No.66
自治体学のすすめ
田村明　900円

No.67
市民・行政・議会のパートナーシップを目指して
松山哲男　700円

No.69
新地方自治法と自治体の自立
井川博　900円

No.70
分権型社会の地方財政
神野直彦　1,000円

No.71
自然と共生した町づくり
宮崎県・綾町
森山喜代香　700円

No.72
情報共有と自治体改革
ニセコ町からの報告
片山健也　1,000円

《平成13年度》

No.73
地域民主主義の活性化と自治体改革
山口二郎　600円

No74
分権は市民への権限委譲
上原公子　1,000円

No.75
今、なぜ合併か
瀬戸亀男　800円

No.76
市町村合併をめぐる状況分析
小西砂千夫　800円

No.78
ポスト公共事業社会と自治体政策
五十嵐敬喜　800円

No.80
自治体人事政策の改革
森啓　800円

《平成14年度》

No.82
地域通貨と地域自治
西部忠　900円

No.83
北海道経済の戦略と戦術
宮脇淳　800円

No.84
地域おこしを考える視点
矢作弘　700円

No.87
北海道行政基本条例論
神原勝　1,100円

No.90
「協働」の思想と体制
森啓　800円

No.91
協働のまちづくり
三鷹市の様々な取組みから
秋元政三　700円

《平成15年度》

No.92
シビル・ミニマム再考
ベンチマークとマニフェスト
松下圭一　900円

No.93
市町村合併の財政論
高木健二　800円

No.95
市町村行政改革の方向性
～ガバナンスとＮＰＭのあいだ
佐藤克廣　800円

No.96
創造都市と日本社会の再生
佐々木雅幸　800円
No.97
地方政治の活性化と地域政策
山口二郎　800円
No.98
多治見市の政策策定と政策実行
西寺雅也　800円
No.99
自治体の政策形成力
森啓　700円

《平成16年度》

No100
自治体再構築の市民戦略
松下圭一　900円
No.101
維持可能な社会と自治
～『公害』から『地球環境』へ
宮本憲一　900円
No.102
道州制の論点と北海道
佐藤克廣　1,000円
No.103
自治体基本条例の理論と方法
神原勝　1,100円
No.104
働き方で地域を変える
～フィンランド福祉国家の取り組み
山田眞知子　800円

《平成17年度》

No.107
公共をめぐる攻防
～市民的公共性を考える
樽見弘紀　600円
No.108
三位一体改革と自治体財政
岡本全勝・山本邦彦・北良治・逢坂誠二・川村喜芳　1,000円
No.109
連合自治の可能性を求めて
サマーセミナー in 奈井江
松岡市郎・堀則文・三本英司・佐藤克廣・砂川敏文・北　良治　他
1,000円
No.110
「市町村合併」の次は「道州制」か
高橋彦芳・北良治・脇紀美夫・碓井直樹・森啓　1,000円
No.111
コミュニティビジネスと建設帰農
松本懿・佐藤　吉彦・橋場利夫・山北博明・飯野政一・神原勝
1,000円

《平成18年度》

No.112
「小さな政府」論とはなにか
牧野富夫　700円
No.113
栗山町発・議会基本条例
橋場利勝・神原勝　1,200円
No.114
北海道の先進事例に学ぶ
宮谷内留雄・安斎保・見野全・佐藤克廣・神原勝　1,000円
No.115
地方分権改革のみちすじ
―自由度の拡大と所掌事務の拡大―
西尾　勝　1,200円

地方自治ジャーナルブックレット

No.2
政策課題研究の研修マニュアル
首都圏政策研究・研修研究会
1,359円［品切れ］
No.3
使い捨ての熱帯林
熱帯雨林保護法律家リーグ　971円
No.4
自治体職員世直し志士論
村瀬誠　971円
No.5
行政と企業は文化支援で何ができるか
日本文化行政研究会　1,166円
No.7
パブリックアート入門
竹田直樹　1,166円［品切れ］
No.8
市民的公共と自治
今井照　1,166円［品切れ］
No.9
ボランティアを始める前に
佐野章二　777円
No.10
自治体職員の能力
自治体職員能力研究会　971円
No.11
パブリックアートは幸せか
山岡義典　1,166円
No.12
市民がになう自治体公務
パートタイム公務員論研究会
1,359円
No.13
行政改革を考える
山梨学院大学行政研究センター
1,166円
No.14
上流文化圏からの挑戦
山梨学院大学行政研究センター
1,166円

No.15
市民自治と直接民主制
高寄昇三　951円

No.16
議会と議員立法
上田章・五十嵐敬喜　1,600円

No.17
分権段階の自治体と政策法務
松下圭一他　1,456円

No.18
地方分権と補助金改革
高寄昇三　1,200円

No.19
分権化時代の広域行政
山梨学院大学行政研究センター
1,200円

No.20
あなたのまちの学級編成と地方分権
田嶋義介　1,200円

No.21
自治体も倒産する
加藤良重　1,000円

No.22
ボランティア活動の進展と自治体の役割
山梨学院大学行政研究センター
1,200円

No.23
新版・2時間で学べる「介護保険」
加藤良重　800円

No.24
男女平等社会の実現と自治体の役割
山梨学院大学行政研究センター
1,200円

No.25
市民がつくる東京の環境・公害条例
市民案をつくる会　1,000円

No.26
東京都の「外形標準課税」はなぜ正当なのか
青木宗明・神田誠司　1,000円

No.27
少子高齢化社会における福祉のあり方
山梨学院大学行政研究センター
1,200円

No.28
財政再建団体
橋本行史　1,000円［品切れ］

No.29
交付税の解体と再編成
高寄昇三　1,000円

No30
町村議会の活性化
山梨学院大学行政研究センター
1,200円

No.31
地方分権と法定外税
外川伸一　800円

No.32
東京都銀行税判決と課税自主権
高寄昇三　1,000円

No.33
都市型社会と防衛論争
松下圭一　900円

No.34
中心市街地の活性化に向けて
山梨学院大学行政研究センター
1,200円

No.35
自治体企業会計導入の戦略
高寄昇三　1,100円

No.36
行政基本条例の理論と実際
神原勝・佐藤克廣・辻道雅宣
1,100円

No.37
市民文化と自治体文化戦略
松下圭一　800円

No.38
まちづくりの新たな潮流
山梨学院大学行政研究センター
1,200円

No.39
ディスカッション・三重の改革
中村征之・大森彌　1,200円

No.40
政務調査費
宮沢昭夫　1,200円

No.41
市民自治の制度開発の課題
山梨学院大学行政研究センター
1,100円

No.42
《改訂版》自治体破たん・「夕張ショック」の本質
橋本行史　1,200円

No.43
分権改革と政治改革
～自分史として
西尾勝　1,200円

No.44
自治体人材育成の着眼点
浦野秀一・井澤壽美子・野田邦弘・西村浩・三関浩司・杉谷知也・坂口正治・田中富雄　1,200円

No.45
障害年金と人権
—代替的紛争解決制度と大学・専門集団の役割—
橋本宏子・森田明・湯浅和恵・池原毅和・青木久馬・澤静子・佐々木久美子　1,400円

TAJIMI CITY ブックレット

No.2
転型期の自治体計画づくり
松下圭一　1,000円

No.3
これからの行政活動と財政
西尾勝　1,000円

No.4
構造改革時代の手続的公正と第2次分権改革
手続的公正の心理学から
鈴木庸夫　1,000円

No.5
自治基本条例はなぜ必要か
辻山幸宣　1,000円［品切れ］

No.6
自治のかたち法務のすがた
政策法務の構造と考え方
天野巡一 1,100円

No.7
自治体再構築における行政組織と職員の将来像
今井照　1,100円

No.8
持続可能な地域社会のデザイン
植田和弘　1,000円

No.9
政策財務の考え方
加藤良重　1,000円

No.10
市場化テストをいかに導入するべきか　～市民と行政
竹下譲　1,000円

朝日カルチャーセンター　地方自治講座ブックレット

No.1
自治体経営と政策評価
山本清　1,000円

No.2
ガバメント・ガバナンスと行政評価システム
星野芳昭　1,000円

No.4
政策法務は地方自治の柱づくり
辻山幸宣　1,000円

No.5
政策法務がゆく
北村喜宣　1,000円

政策・法務基礎シリーズ　―東京都市町村職員研修所編

No.1
これだけは知っておきたい
自治立法の基礎
600円［品切れ］

No.2
これだけは知っておきたい
政策法務の基礎
800円

シリーズ「生存科学」
（東京農工大学生存科学研究拠点　企画・編集）

No.2
再生可能エネルギーで地域がかがやく
―地産地消型エネルギー技術―
秋澤淳・長坂研・堀尾正靭・小林久著
1,100円

No.4
地域の生存と社会的企業
―イギリスと日本とのひかくをとおして―
柏雅之・白石克孝・重藤さわ子
1,200円

No.5
地域の生存と農業知財
澁澤　栄／福井　隆／正林真之
1,000円

No.6
風の人・土の人
―地域の生存とＮＰＯ―
千賀裕太郎・白石克孝・柏雅之・福井隆・飯島博・曽根原久司・関原剛
1,400円

自治体再構築

松下圭一（法政大学名誉教授）　定価 2,800 円

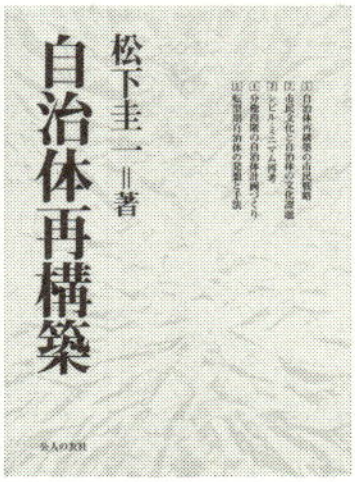

●官治・集権から自治・分権への転型期にたつ日本は、政治・経済・文化そして軍事の分権化・国際化という今日の普遍課題を解決しないかぎり、閉鎖性をもった中進国状況のまま、財政破綻、さらに「高齢化」「人口減」とあいまって、自治・分権を成熟させる開放型の先進国状況に飛躍できず、衰退していくであろう。
●この転型期における「自治体改革」としての〈自治体再構築〉をめぐる 2000 年～ 2004 年までの講演ブックレットの 総集版。

1　自治体再構築の市民戦略
2　市民文化と自治体の文化戦略
3　シビル・ミニマム再考
4　分権段階の自治体計画づくり
5　転型期自治体の発想と手法

社会教育の終焉 ［新版］

松下圭一（法政大学名誉教授）　定価 2,625 円

●86年の出版時に社会教育関係者に厳しい衝撃を与えた幻の名著の復刻・新版。
●日本の市民には、〈市民自治〉を起点に分権化・国際化をめぐり、政治・行政、経済・財政ついで文化・理論を官治・集権型から自治・分権型への再構築をなしえるか、が今日あらためて問われている。

序章　日本型教育発想
Ⅰ　公民館をどう考えるか
Ⅱ　社会教育行政の位置
Ⅲ　社会教育行政の問題性
Ⅳ　自由な市民文化活動
終章　市民文化の形成　　あとがき　　新版付記

［新版］ 自治体福祉政策　計画・法務・財務

加藤良重（法政大学兼任講師）　定価 2,730 円

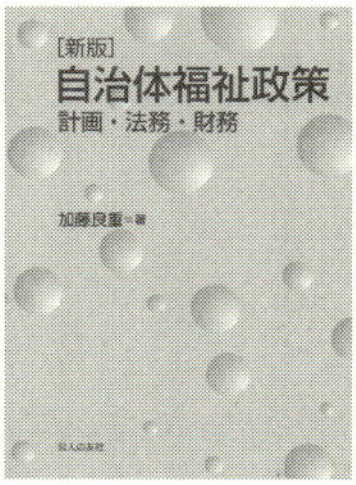

自治体の位置から出発し、福祉環境の変化を押さえて、政策の形成から実現までを自治体計画を基軸に政策法務および政策財務を車の両輪として展開した、現行政策・制度のわかりやすい解説書。

第１章　自治体と福祉環境の変化
第２章　自治体政策と福祉計画
第３章　自治体福祉法務
第４章　自治体福祉財務
第５章　自治体高齢者福祉政策
第６章　自治体子ども家庭福祉政策
第７章　自治体障害者福祉政策
第８章　自治体生活困窮者福祉政策
第９章　自治体健康政策